药学类应用型人才培养丛书

制药生产实习指导
——中药制药

何志成◎主　编　　刘晓秋　陈晓兰◎副主编
赵　翔◎主　审

化学工业出版社
·北京·

《制药生产实习指导——中药制药》共分为七章，主要内容包括：中药制药生产实习概论；药厂概况；实验室与药厂常用前处理仪器设备的比对；实验室与药厂常用成型仪器设备的比对；实验室与药厂同品种工艺及实现过程的比对；中药制药用水和纯蒸汽的制备；废水、废渣、废气处理设备。全书针对中药制药、制药工程、中药学及相关专业教学体系中，为衔接基础课与专业课而特设的药厂实习环节，利用中药典型品种，从实验室工艺研究到药厂实际生产的过程对比，通过实验室仪器与药厂生产设备的特性对比，使学生更加直观地认识了解中药产品从研发到生产的整个过程，并借此强化工程概念，以期达到为制药工业培养从品种开发、工艺设计、中试放大到药品制造的全方位人才的最终目标。

《制药生产实习指导——中药制药》可作为中药制药、制药工程、中药学及相关专业本科生的生产实习指导书，也可作为药学、中药学相关专业技术人员入职初期的参考书。

图书在版编目(CIP)数据

制药生产实习指导. 中药制药/何志成主编. —北京：化学工业出版社，2019.4

(药学类应用型人才培养丛书)

ISBN 978-7-122-33929-4

Ⅰ.①制… Ⅱ.①何… Ⅲ.①中草药加工-生产工艺-教育实习-高等学校-教学参考资料 Ⅳ.①TQ460.6-45

中国版本图书馆 CIP 数据核字（2019）第 029755 号

责任编辑：褚红喜 宋林青　　装帧设计：关 飞

责任校对：张雨彤

出版发行：化学工业出版社（北京市东城区青年湖南街 13 号 邮政编码 100011）

印　　刷：三河市航远印刷有限公司

装　　订：三河市宇新装订厂

787mm×1092mm 1/16 印张 7¾ 字数 164 千字 2019 年 6 月北京第 1 版第 1 次印刷

购书咨询：010-64518888　售后服务：010-64518899

网　　址：http://www.cip.com.cn

凡购买本书，如有缺损质量问题，本社销售中心负责调换。

定　价：28.00 元

《制药生产实习指导——中药制药》编写组

主　　编　何志成

副 主 编　刘晓秋　陈晓兰

主　　审　赵　翔

参　　编　（按姓氏笔画排序）

王延年　石　猛　刘晓秋

杨芳芳　吴永军　何志成

张建锋　陈晓兰　周永强

祝清灿　高　远

前言

在高等医药院校药学类专业的教学内容中，制药生产实习是一个重要的教学环节，好比一个连接管道的“变径管箍”，一头连着学校的课堂、实验室，另一头连着制药企业。通过这一环节，同学们可将基础课学习时段从课堂、实验室学到的知识与药品生产实际关联起来。返校“回炉重炼”时，对后继专业基础及专业课学习阶段所学知识（如中药制药工艺学、中药制药原理与设备、中药炮制学、中药制剂分析、中药药剂学等）的理解会更加深刻。对日后选择从业于药厂技术管理工作的学生，更可缩短其进入角色的思维磨合期。

为解决目前“实习过程的学习，单靠指导教师和药厂技术人员口授”的现状，使参与实习的师生能够拥有一本可随身携带、实时提供现场指导的手册，我们编写了这套“药学类应用型人才培养丛书”，而《制药生产实习指导——中药制药》即为其中之一。

《制药生产实习指导——中药制药》共分七个章节，包括：中药制药生产实习概论，药厂概况，实验室与药厂常用前处理仪器设备的比对，实验室与药厂常用成型仪器设备的比对，实验室与药厂同品种工艺及实现过程的比对，中药制药用水和纯蒸汽的制备，废水、废渣、废气处理设备。针对专业教学体系中为衔接基础课与专业课而特设的药厂实习环节，使学生能够在下厂前预习诸如“企业概况”“车间构成”以及“实验研究与生产过程的关系”等相关知识，帮助学生下到工厂后能够尽快进入角色、提高学习效率提供帮助，顺利达到实习目标。

在本书的编写过程中，编写团队利用中药典型品种从实验室工艺研究到药厂实际生产的过程比对、利用实验室仪器与药厂生产设备的特性比对，为学生了解中药从研发到生产的全部过程提供了更加直观的认识角度；引导学生建立起将书本知识、实验教学理论与药厂生产实际相联系的意识，帮助学生形成将实验室研究方法与工业生产方法相结合的思维视角；借助实习过程，强化工程概念，增强学生从工程的观点出发提出、分析并解决问题的能力；帮助学生树立药品质量和过程效率双向定位的专业理念，为其毕业后顺利融入制药行业，做好相关的知识储备。

本书第一、二章由沈阳药科大学王延年编写；第三章由沈阳药科大学刘晓秋、广药集团中一药业石猛编写；第五章由沈阳药科大学刘晓秋、辽宁上药好护士吴永军编写；第四章由贵州中医药大学陈晓兰、杨芳芳、高远、周永强，以及国药集团同济堂（贵州）制药有限公司张建锋、祝清灿编写；第六章由贵州中医药大学陈晓兰编写；第七章由贵州中医药大学高远、周永强编写；前言撰写及统稿工作由沈阳药科大学何志成完成；沈阳药科大学赵翔担任主审。受知识结构、经验阅历所限，书中疏漏与不当之处在所难免，期待同仁不吝指正，以利后期不断完善。

编者

2018 年 10 月

目录

第一章　中药制药生产实习概论　/1

第二章　药厂概况　/8

第三章 实验室与药厂常用前处理仪器设备的比对 / 19

第四章 实验室与药厂常用成型仪器设备的比对 / 38

第五章　实验室与药厂同品种工艺及实现过程的比对　/ 72

第七章　废水、废渣、废气处理设备　/ 101

参考文献　/ 111

中药制药生产实习概论

第一节　绪　论

一、中药制药生产实习的意义

中药制药生产实习，是学生在校期间实现基础理论课与专业课顺利对接的重要环节；是结合制药企业的生产实际，培养中药学专业、中药制药专业人才的主要途径。中药制药的生产环节，包括中药材的前处理，中药提取、精制、浓缩、干燥，剂型制备以及成品的质量检查等一系列单元操作，各单元操作之间既相对独立，又必须密切配合，各个环节都会影响到中药制药生产的有序进行，从而保障产品的质量。

中药制药生产实习是校内理论教学的延续，与中药炮制学、中药制药工艺学、中药药剂学等专业课学习及后来的制药专业领域工作，都会有直接的联系，有利于学生将与中药制药相关的各专业基础、专业课程知识融会贯通，提高协作和执行能力，间接地影响学生在专业领域的求职及发展前景。

二、中药制药生产实习的目的与要求

1. 中药制药生产实习的目的

中药制药生产实习是普通高等院校药学类相关专业的一个重要的实践性教学环节，是中药炮制、中药制药工艺、中药制药工程设备、中药药剂学等课程教学内容的实践教学环节。实习过程和形式，由制药企业和学校共同设计、组织和实施，采用校、企双重考核，严格把关。

通过制药生产实习，使学生了解中药制药的全过程及各个生产环节的有机联系和衔接，熟悉工业化生产的具体运作过程和方法，通过具体的感性认识，把课堂上的理论知识

与制药企业生产实践有机结合起来，综合培养和提高学生观察、分析和独立解决制药生产中实际问题的能力。

2. 中药制药生产实习的要求

（1）掌握中药制药生产的主要原理、方法，熟悉主要设备的用途、适用规模和工艺参数。

（2）熟悉实习药厂典型制药产品生产的全过程，各个单元操作的衔接，设备的应用及自动化状况。

（3）了解现代企业管理制度，进一步熟悉制药企业生产、经营及质量管理网络，结合中药生产的具体情况，提高现代化中药生产管理意识。

（4）收集和积累必要的生产数据，认真完成生产实习报告的写作与讨论，总结现代制药企业的先进生产技术与管理机制，发现、分析、研究或解决生产中存在的问题。

（5）熟悉药厂的各种安全标识，遵守安全生产操作要求，保持高度的安全与防患意识。

（6）遵守厂规厂纪，服从实习老师安排，不迟到，不早退，不离岗，不串岗。

第二节　中药制药生产实习的内容

一、生产实习的主要内容

（1）掌握实习药厂的现行生产品种的生产过程，包括药材的处理、饮片的加工炮制、提取、浓缩、干燥、制剂等单元操作过程及工艺流程。

（2）熟悉实习药厂的现行生产品种的应用设备、工艺原理及技术要求。

（3）将所学专业基础、专业课程的理论知识与制药生产实际相结合，充分运用理论知识，分析和解决生产中所遇到的实际问题。

（4）绘制实习药厂的厂区布局、制药生产车间布局图，按照车间实际情况绘制生产工艺流程图、主要设备布置及设备结构、设备运行原理图。

（5）了解实习药厂公用工程系统及管道布置特点，熟悉药厂工业管道的危险标识。

（6）了解实习药厂的生产管理、节能减排及“三废”治理情况。

（7）了解实习药厂生产自动化状况，对实习药厂现行生产产品的工艺指标及生产运行状况进行总结和分析，提出建设性的意见。

（8）实习期间应做好日常记录、总结，写出实习调查报告。完成生产实习后，校企双方将对学生生产实习的成果进行考核。

二、生产实习报告及考核

制药生产实习任务完成后，要求学生按时提交生产实习报告，报告主要包括以下 6 个方面的内容。

(1) 实习药厂生产产品的工艺流程及相关理论。

(2) 各车间工段工艺流程及设备布置，分析其布局的合理性。

(3) 药厂主要设备原理及技术指标。

(4) 全厂物料流程图、带控制点的工艺流程草图。

(5) 实习药厂对环境、卫生、人员等的要求。

(6) 实习总结与评述。

生产实习的考核，由实习带队老师根据学生的考勤、工作表现和生产实习报告，给出综合考核成绩。

第三节　生产实习的安全注意事项

中药制药生产过程中，所用到的原料、试剂、中间体等，常常是有毒、有害、易燃、易爆的物质。它是一个高污染过程，特别是中药加工炮制与粉碎、制剂生产中的药物活性粉尘污染、噪声污染较严重。一旦忽视，就会造成意外。

一、安全注意事项

制药企业，尤其是中药制药企业在生产时，制药生产设备种类和数量多，工艺复杂，生产连续性强，且生产条件大多是高温、加压、低温、负压；制药生产中原料种类多，其中很多是有害气体或粉尘，易引起中毒；直接接触到的酸碱易引起灼伤；生产中还易发生机械伤害、触电等事故，这些性质客观决定了生产中存在着许多潜在的不安全因素，因此，保证安全生产成为了各项工作的重中之重。

中药制药生产实习的安全注意事项，主要有以下几个方面。

(1) 实习学生由带队老师和实习领导负责，学生必须服从实习带队老师和领导的安排。

(2) 实习中必须严格遵守厂规厂纪，维护社会公德。讲文明、有礼貌，严禁嬉戏打闹。严格遵守参观规程，注意个人人身安全，爱护公物，杜绝差错和事故。

(3) 保证生产安全。在实习过程中，不得影响操作人员的正常生产操作，如有实际参与操作机会，要严格按照机台设备操作程序进行。严格遵照要求使用安全防护用品，严禁酒后和过度疲劳状态下接近机台设备，以免发生意外。

(4) 注意用电安全。遵守电气操作规程及公司规章制度；电线掉落地面时，不可用手拾起、移动，不要靠近落地电线附近；不得随意触动电气保护装置和开关；提高用电安全意识，发现线路异常发热、异常响动及电火花等，应及时闪避并立刻向相关人员报告。

(5) 触电急救及电气火灾扑灭方法。一旦发生触电，必须先切断电源。切勿在未切断电源的情况下用手救人及靠近触电者；对昏迷、休克的触电人员，应放在通风、平整的地方，清除口中异物，进行人工呼吸（如胸部挤压法、口对口法），并及时送往医院治疗；发生电气火灾时，也必须先切断电源，再行灭火。如果用水对未切断电源的火场灭火时，灭火人员应穿戴好绝缘的防护用品，以防因地面上的水导电而引起触电事故。

（6）保证人身安全。实习时要遵守制药企业的安全规则，照章作业，避免事故的发生。遇急事可先向老师汇报，经批准后再去处理。尽量不要单独在厂区和车间内行走。注意周围环境，选择宽敞明亮的地方，不要到阴暗的地方去，防止意外事件发生。

二、防护源及成因

中药制药生产车间最常见的呼吸危害是普通原料粉尘、药物性粉尘、有害气体和有毒蒸汽。而在中药制药过程中接触粉尘的工序有粉碎、筛分、提取罐装料、反应釜装料、中途取样等；制药过程中接触毒气/有毒蒸汽的工序有向提取罐或分离装置中加试剂、反应釜装料、取样、从过滤器或离心分离机中卸载物料、往干燥器中装料、分装物料等。在对有限空间如槽罐、反应釜进行清洁时，还有可能面对缺氧环境。

制药生产过程中还可能接触有毒化学物质而造成危害。例如朱砂、雄黄、红粉、轻粉等含汞、砷；马钱子含马钱子碱和士的宁；川乌、草乌含双酯型乌头碱；巴豆含巴豆毒素等。在药品生产过程中，作业人员接触有毒化学物质的原因主要是：①设备和管道密闭不严、锈蚀渗漏；②上道工序来料、检验分析取样、出料、废弃物料排出、清理离心甩干机以及设备检修时，设备及管道中残存的有毒化学物质，尤其是在离心过滤敞口甩干高温物料或边甩干边人工投加液态化学品以及敞口接收时，都会有大量的有害气体或蒸汽逸出，同时会有液态化学品飞溅的可能。

在某些产品的生产中，还会涉及眼部的危害，最常见的危害有粉尘、化学液体、微生物、高温、冲击物、有害气体等。

设备运行时，常常会产生巨大的机器噪声，如电动机、水泵、炒药机、离心机、粉碎机、制冷机、通风机、锅炉等，有的噪声甚至超过100dB；噪声危害严重的区域通常是中药粉碎、药片切割室、包装室等。

中药生产安全技术的要求主要有：①要有良好的采光条件，利于生产操作；②高温及有毒气体的车间，应适当增加车间高度，以利于通风和散热，并应有适当的排风装置；③每个车间应配置灭火装置。

三、生产安全防护

1. 危险标识

（1）危险品标识

危险品标志牌是指在易燃品、爆炸品、有毒品、腐蚀性物品、放射性物品的运输包装上标明其危险性质的文字或图形说明。危险品标志一般分为9类：第一类为爆炸物质和物品；第二类为气体；第三类为易燃液体；第四类为易燃固体；第五类为氧化剂；第六类为有毒物质和感染性物质；第七类为放射性物质（Ⅰ级——白色，Ⅱ级——黄色，第7类为裂变性物质）；第八类为腐蚀性物质；第九类为杂类危险物质和物品等。

（2）危险废物标识

产生、贮存危险废物的单位及盛装危险废物的容器和包装物须要按照《危险废物贮存污染控制标准》GB 18597—2001 附录 A 的规定设置危险废物标签；收集、运输、处置危险废物的设施、场所要按照《环境保护图形标志：固体废物贮存（处置）场》GB 15562.2—1995 要求，设置危险废物警告标志。各类危险废物标志牌由环保部门统一监制。

（3）工业管道的危险标识

工业管道的危险标识用于标示工业管道内的物质为危险化学品。凡属于《化学品分类和危险性公示通则》GB 13690—2009 所列的危险化学品，其管道应设置危险标识。具体表示方法是：在管道上涂 150mm 宽黄色，在黄色两侧各涂 25mm 宽黑色的色环或色带，安全色范围应符合《安全色》GB 2893—2008 的规定。一般标示在基本识别色的标识上或附近。危险化学品和物质名称标识方法参考图 1-1。

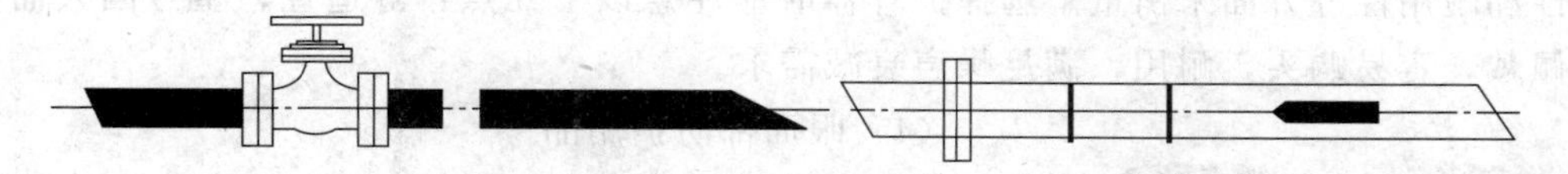

图 1-1　危险化学品和物质名称标识方法

2. 防护用具

（1）防护服

在制药生产车间，操作人员一般都要穿着连体式防护服及鞋套，如图 1-2、图 1-3 所示。这一方面是由于制药车间对洁净度有一定要求，防止人员污染药品；另一方面也要对操作人员皮肤进行防护，以防止药物活性粉尘黏附或液态化学品物料飞溅到皮肤上，通过皮肤或皮肤上的创口被吸收，对操作人员产生危害。

图 1-2　连体防护服

图 1-3　一次性鞋套

（2）呼吸防护用具

若制药过程本身如果没有较高的洁净度要求，且生产中存在粉尘或有毒蒸汽暴露，则必须选用防尘口罩、防毒面具或某些正压式呼吸防护系统，如图 1-4 所示。在得知污染物种类及浓度后，可根据《呼吸防护用品的选择、使用与维护》GB/T 18664—2002 来选样适合的呼吸器，将污染物浓度与职业卫生标准做比较，选择指定防护因数大于危害因数的呼吸器。

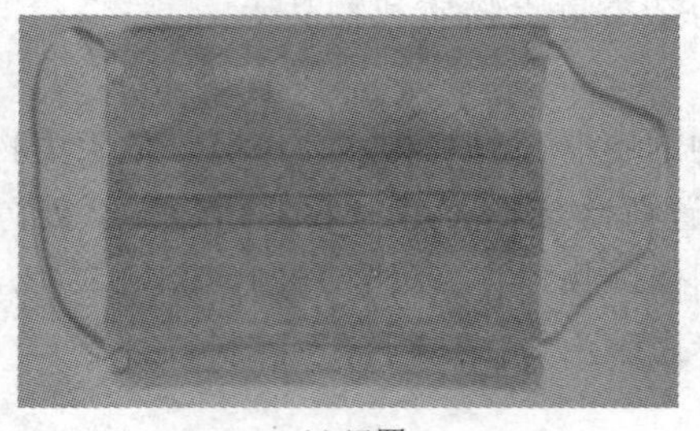

(a) 口罩

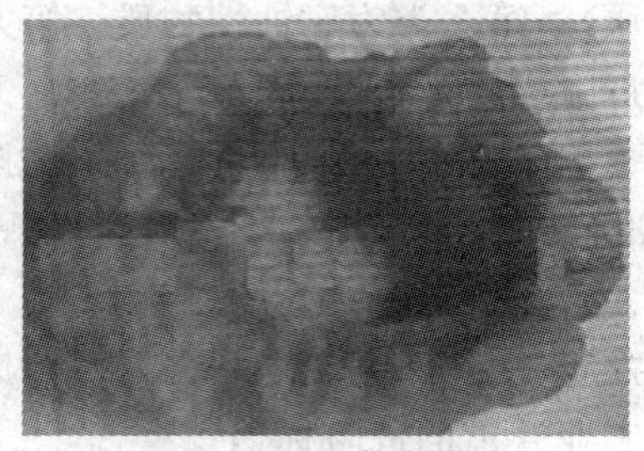

(b) 一次性头罩

图 1-4　呼吸防护用具

(3) 听力防护用品

护耳器是保护人的听觉免受强烈噪声损伤的个人防护用品。护耳器种类很多，应结合作业条件和噪声暴露水平选择。对于护耳器的评价，主要从声衰减量、舒适感、刺激性、方便性和耐用性等方面来衡量。选择护耳器时应注意以下几点：舒适性，型号因人而异，容易佩戴，容易购买，耐用，满足噪声衰减需求。

(4) 眼面部防护用品

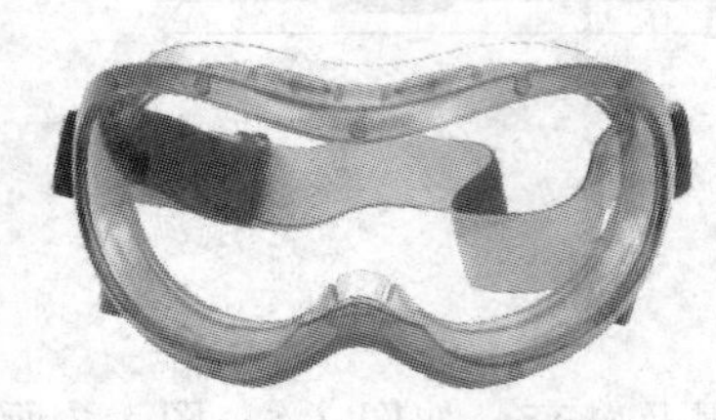

图 1-5　防护眼罩

推荐使用无通风口的防护眼罩、全面具，如图 1-5 所示。正压呼吸器头罩或头盔通常也可同时起到眼面部防护作用。对于存在化学液体飞溅的眼部防护，推荐使用防液体飞溅的防护眼罩、全面具或正压呼吸器头罩和头盔。对于存在化学蒸汽的眼部防护，推荐使用无通风口的防护眼罩、全面具、正压呼吸器头罩和头盔。

总之，进入药厂实习期间，必须严格遵守企业安全制度，根据具体情况为学生配备正确的、适合的、有效的个人防护用品，为学生赢得安全保障。

3. 消防标识

消防标识是用于表明消防设施特征的符号。它主要用于说明建筑配备各种消防设备、设施，标志安装的位置，并诱导人们在事故发生时采取合理正确的行动，对安全疏散、减少损失起到很好的作用。

(1) 制药企业消防设施标识

① 配电室、发电机房、消防水箱间、水泵房、消防控制室等场所的入口处，应设置与其他房间区分的识别类标识和“非工勿入”警示类标识。

② 供消防车取水的消防水池、取水口或取水井、阀门、水泵接合器及室外消火栓等场所，应设置永久性固定的识别类标识和“严禁埋压、圈占消防设施”警示类标识。消防水池、水箱、稳压泵、增压泵、气压水罐、消防水泵、水泵接合器的管道、控制阀、控制柜，应设置提示类标识和相互区分的识别类标识。

③ 室内消火栓给水管道应设置与其他系统区分的识别类标识，并标明流向。灭火器的设置点、手动报警按钮设置点，应设置提示类标识。

④ 防排烟系统的风机、风机控制柜、送风口及排烟窗，应设置注明系统名称和编号的识别类标识以及“消防设施严禁遮挡”的警示类标识。常闭式防火门应当设置“常闭式

防火门，请保持关闭”警示类标识；防火卷帘底部地面应当设置“防火卷帘下禁放物品”警示类标识。

（2）危险场所、危险部位标识

① 危险场所和危险部位的室外、室内墙面、地面及危险设施处等适当位置，应设置警示类标识，标明安全警示性和禁止性规定。

② 仓库应当划线标识，标明仓库墙距、垛距、主要通道、货物固定位置等。储存易燃易爆危险物品的仓库应当设置标明储存物品的类别、品名、储量、注意事项和灭火方法的标识。

③ 易操作失误引发火灾危险事故的关键设施部位，应设置发光性提示标识，标明操作方式、注意事项、危险事故应急处置程序等内容。

（3）安全疏散指示标识

安全疏散指示标识应根据国家有关消防技术标准和规范设置，并应采用符合规范要求的灯光疏散指示标志、安全出口标志，标明疏散方向。单位安全出口、疏散楼梯、疏散走道、消防车道等处应设置“禁止锁闭”“禁止堵塞”等警示类标识。消防电梯外墙面上要设置消防电梯的用途及注意事项的识别类标识。

（4）工业管道消防标识

工业管道消防标识表示工业管道内的物质专用于灭火。工业生产中设置的消防专用管道应遵守《消防安全标志》GB 13495.1—2015 的规定，并在管道上标识“消防专用”识别符号。标识部位、最小字体应分别符合相应的规定。

虽然针对工业管道内的物质识别有具体的规定，但是，有时出于对生产工艺的保密，在实际应用中，制药企业会采取灵活多变的方式进行处理，同学们应注意体会。

药厂概况

作为中药制药生产企业，从厂址的选取到厂区的布置、从车间的布置到内部设备的安置等都有其特定的要求。实习之前，应先对药厂的概况有一个整体的认识和了解，有利于更好地完成实习任务。

第一节　中药厂的产区布局

中药厂的厂区布局要遵循《药品生产质量管理规范》(Good Manufacturing Practices, GMP）的要求，严格按照国家的有关规定和规范执行。厂区内通常设有生产区、辅助区、行政区及生活区，且要求四个区域相互独立；厂区内的道路分人流通道及物流通道，且互不妨碍。

生产区主要指生产车间，辅助区主要指动力车间及仓库等，行政区主要指机关楼及研究所等，生活区主要指食堂及澡堂等。

一、厂址选择

中药厂的环境和卫生条件与中成药质量、药品安全密切相关，因此，中药厂的建设要以保证中药饮片质量为前提，应遵循下列基本原则。

① 有洁净厂房的中药厂，厂址宜选在大气含尘、含菌浓度低，无有害气体，无明显异味，周围环境较洁净或绿化较好的地区。

② 有洁净厂房的中药厂，厂址应远离码头、铁路、机场、交通要道以及散发大量粉尘和有害气体的工厂、贮仓、堆场等严重空气污染、水质污染、振动或噪声干扰的区域。如不能远离严重空气污染区时，则应位于其最大频率风向的上风侧，或全年最小频率风向的下风侧。

③ 交通便利、通讯方便。制药厂的运输较频繁，为了减少运输费用，制药厂尽量靠

近主要原料地和大用户。

④ 具备充足和良好的水源、足够的电能，且需两路进电，以免因断电而造成停产损失。

⑤ 应有长远发展的余地。中药厂选址，应尽量少占耕地，面积、形状和其他条件应能适合工艺流程合理布局的需要，厂区一侧宜留有发展余地。

⑥ 要节约用地，珍惜土地。

⑦ 厂址的自然地形有利于厂房和管线的布置，有利于交通联接和场地排水。选择厂址时，还应考虑防洪，厂区用地必须高于当地最高洪水位 0.5m 以上。

⑧ 中药厂各生产车间的安排合理，既有利于连续生产，又有利于单独管理。

⑨ 中药厂厂址的选择，还应避开地震多发区、洪涝区、石矿区、电台、名胜古迹、文物区等区域。

二、厂房形式

厂房设计的目的是对厂房配置和设备排列做出合理的安排。中药厂厂房设计的原则是：

① 中药生产工艺及设备须按 GMP 要求设计；

② 工艺布局及室内水、电气管道敷设等，严格遵循《药品生产质量管理规范》要求，做到人流、物流分开，并注意工艺合理，运输方便，路线短捷；

③ 严格遵循国家环境保护、劳动安全、消防、节能等方面的有关规定。

厂房的层数要根据生产规模来考虑。现代化中药厂以单层、无窗并带有参观走廊的厂房较为理想。厂房的平面轮廓有长方形、正方形、L 型、T 型、E 型、Ⅱ型等，以长方形最常见。长方形适用于小型厂房，其主要优点是便于建筑厂房的定型化和施工方便。在设备布置上有较大弹性，有利于自然采光和通风。L 型、T 型适合比较复杂的车间，也比较常用，其主要优点是外部管道可由二或三个方向进出车间。正方形厂房除了具备长方形厂房特点外，还可节约围护结构周长约 25%，通用性强，有利于抗震，也有较多应用。常见药厂厂房的剖面形式见图 2-1。

三、厂区划分

中药厂厂区总体规划，要求生产区与生活区、行政区分开，厂区布局及工序衔接合理。

厂区规划一般由以下几部分组成：①主要生产车间（原料、制剂等）；②辅助生产车间（机修、仪表）；③仓库（原料、成品库）；④动力（锅炉房、空压站、变电所、配电间、冷冻站）；⑤公用工程（水塔、冷却塔、泵房、消防设施等）；⑥环保设施（污水处理、绿化）；⑦管理设施和生活设施（办公楼、中央化验室、研究所、计量站、食堂、医务所）；⑧运输道路（车库、道路等）。厂房建筑的大小、结构和位置要适当，以便操作、清洗和维修保养设备。厂区建筑面积的占比，一般生产车间占 30%，库房占 30%，辅助车间占 15%，管理及服务部门占 15%，其他占 10%。图 2-2 是比较合理的厂区布局案例。图 2-3 是中药厂平面布局示例。

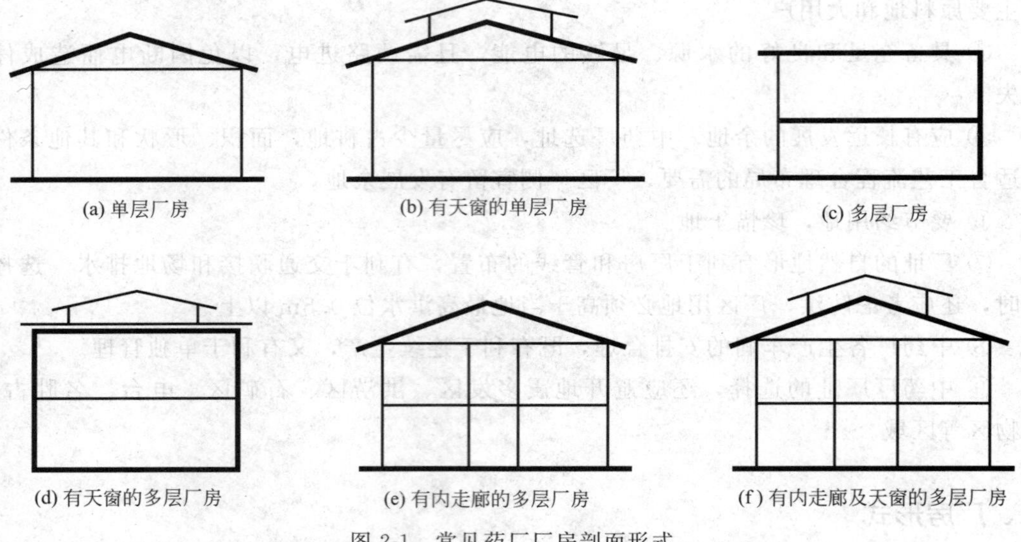

图 2-1　常见药厂厂房剖面形式

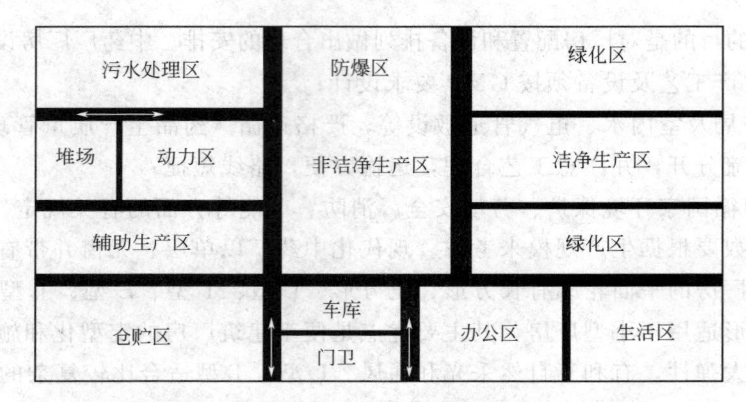

图 2-2　比较合理的厂区布局

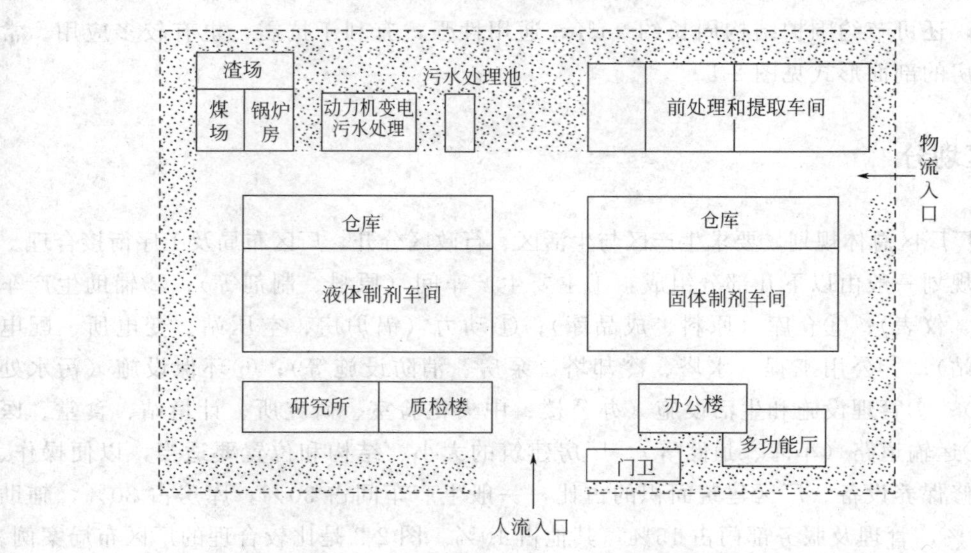

图 2-3　中药厂平面布局示意图

四、车间布局

中药厂的车间布局一般要求能够提高生产效率，降低人员工时的浪费，减轻工人的疲劳。因此，车间布置需要考虑：①要符合生产工艺要求；②厂房的洁净要求；③各车间与总平布置的关系；④各车间与公用工程的关系。中药厂车间一般分为前处理车间、提取车间和制剂车间。

1. 车间布局原则

中药厂车间布局遵循“人流物流协调、工艺流程协调、洁净级别协调”的“三协调”原则。流通路径要做到“顺流不逆”，做到人流物流分开，不交叉、不折回，路径越短越好。

中药制药企业的车间布局，也遵循“同心圆原则”[1]，即洁净级别高的房间在车间的中央区域，操作间洁净级别按照由高到低、从里向外呈圆形扩散。

对于无菌中成药产品，理想的布局应使投入生产的原材料、辅助材料由区域的一端进入，而使产出的成品由区域另一端输出。生产操作人员则可以由产品生产流程路径的一侧进入，并由另一侧退出。故可以考虑采用L形或U形生产线布局。

总之，一个优良的车间布局设计应做到：经济合理，节约投资，生产操作、维修方便安全，满足生产工艺要求，保证良好的生产环境。

2. 车间布局实例

（1）前处理车间

前处理车间包括药材的检、漂、洗、润、切、炒、炙、煅、蒸煮、灭菌、干燥、粉碎等工序。图2-4为前处理车间饮片加工工艺流程图。

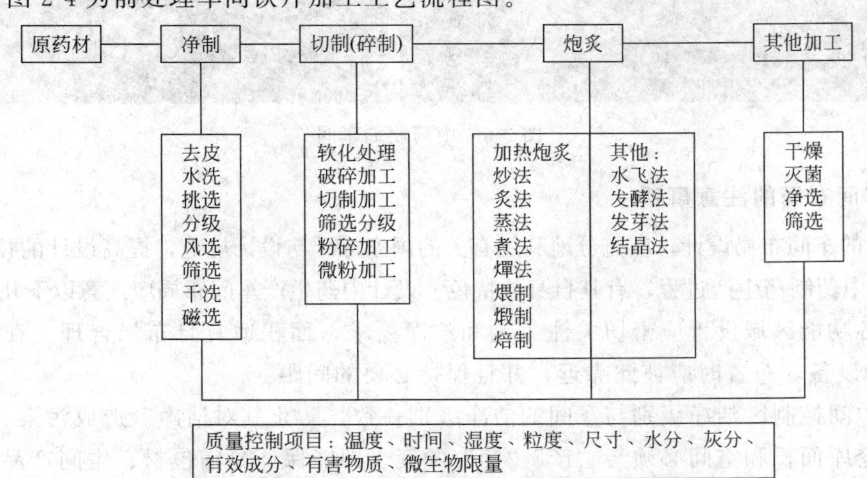

图2-4　前处理车间饮片加工工艺流程图

---

[1]“同心圆原则”指城市土地利用的功能分区，环绕市中心呈同心圆带向外扩展的结构模式，为城市地域结构的基本理论之一。

（2）提取车间

提取车间包括中药的提取（水提取或醇提取）、沉淀（水提醇沉或醇提水沉等）、过滤、蒸发、浓缩、干燥等工序。图 2-5 为提取车间图示。

图 2-5 提取车间图示

（3）制剂车间

制剂车间的布局要考虑：①制剂车间的特点是品种多、剂型多，在车间布置时必须对原材料、中间体（如提取液、浓缩液等）和成品采取切实可靠措施，以防混药。②根据固体制剂和液体制剂、口服制剂和注射制剂等不同要求，对厂房提出不同的洁净要求。③根据不同级别要求安排好卫生通道、物料通道和安全通道。图 2-6 为某中药制剂车间图示。

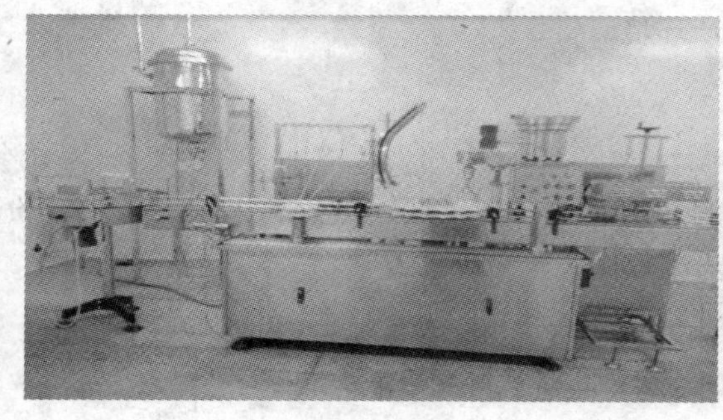

图 2-6 中药制剂车间

3. 车间布局的注意事项

药厂的车间布局设计，应充分地利用有关的国家标准与设计规范，提高设计的技术水平和可靠性。中药制药生产过程，有其自身的特色。设计中药生产车间布局应注意以下几个方面。

① 各功能区域设置应密切关注工艺和洁净要求，面积适宜且布局合理。在操作中相互联系的设备，布置时应彼此靠近，并且保持必要的间距。

② 中间控制区洁净级别与车间的洁净级别一致，防止其对洁净区造成污染。

③ 仓库面积和空间必须与“产”“销”配套。即能保证原辅包材、中间产品、待包装产品和成品；待验、合格、不合格、退货或召回各类物料和产品，能有序地存放。

④ 特殊物料（高活性的物料或产品）及印刷包装材料应当贮存于“安全的区域”。

⑤ 对物料和成品的“接收、发放和发运区域”要配置有相应辅助设施。

⑥ 不合格、退货或召回的物料或产品要有物理隔离设施。

⑦ 物料取样宜单独设区，其洁净度级别与生产要求一致。有些情况下，也可在其他区域（如车间）或采用其他方式（如取样车）取样。特别注意无菌药品取样室应有相应的人净、物净设施。

⑧ 实验室的设计应当确保其适用于预定的用途，有足够的区域用于样品处置、留样和稳定性考察样品的存放以及记录的保存。

⑨ B 级洁净区的设计应当能够使管理或监控人员从外部观察到内部的操作。

⑩ 实验室、中药标本室、留样观察室及仪器、仪表等用房的要求：实验室、中药标本室、留样观察室与生产区分开；有特殊要求的仪器、仪表安放在专门仪器室内，可防止静电、震动、潮湿或其他外界因素的影响。

中药饮片洗、润、切、干燥工序的潮气大，要求装离心风机排风，保持室内空气流通，并设置防潮灯具。炒药、煅制工序，操作温度较高，要求设风机降低室内温度，改善操作条件。

4. 如何防止交叉污染

防止交叉污染是车间布局的重要目标之一，一般要注意下述事项。

① 能够有效防止区虫或其他动物进入。如配置灭蚊灯、纱窗、纱门、挡鼠板等。

② 考虑“人流”的合理性，对厂房人流要有控制的措施，必要时要有门禁。

③ 生产区和贮存区的空间和面积大小，应以确保设备、物料、中间产品、待包装产品和成品有序地定位、存放为度。贮存区有与生产规模相适应的面积和空间，贮存区温度、湿度控制应符合贮存要求、按规定定期监测。

④ 同一区域内有数条包装线，应当有隔离措施，防止人员的穿越。

⑤ 设立妥善保存不合格的物料、中间产品、待包装产品和成品的隔离区。

⑥ 无菌药品生产的人员、设备和物料应通过气锁间进入洁净区。

⑦ 高污染风险的操作宜在隔离操作器中完成。

⑧ 无菌生产的 A/B 级洁净区内禁止设置水池和地漏。

⑨ 轧盖会产生大量微粒，应当设置单独的轧盖区域并设置适当的抽风装置。

图 2-7 为某车间平面布局图，图 2-8 为现代化中药制药车间实例。

五、洁净车间

洁净车间内应设置人员净化、物料净化室和设施，并根据需要设置生活和其他用室。人员净化室，应包括雨具存放、换鞋、管理、存放外衣、更换洁净工作服等房间。生活用室有厕所、盥洗室、淋浴室、休息室等，以及空气吹淋室、气闸室、工作服洗涤间和干燥间等。

（1）洁净室人员的一般净化程序

洁净室人员的一般净化程序如图 2-9 所示。

（2）非无菌产品、可灭菌产品生产区人员流向及净化程序

非无菌产品、可灭菌产品生产区人员流向及净化程序如图 2-10 所示。

（3）不可灭菌产品生产区人员流向及净化程序

不可灭菌产品生产区人员流向及净化程序如图 2-11 所示。

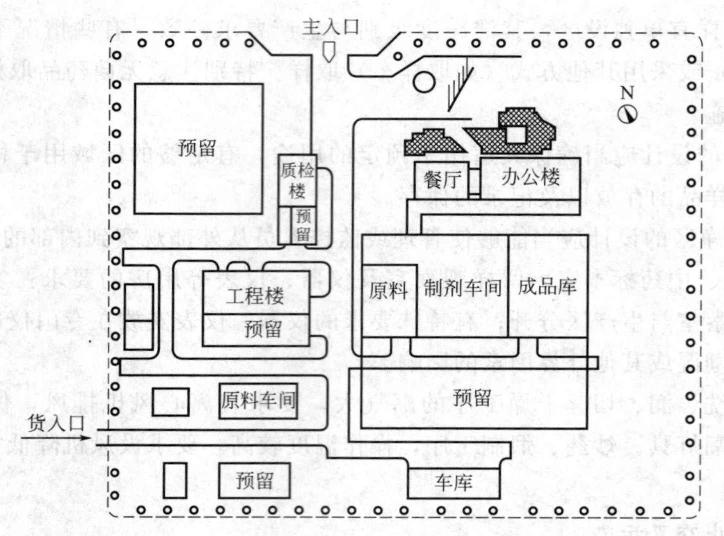

图 2-7　某车间平面布局图

图 2-8　现代化中药制药车间

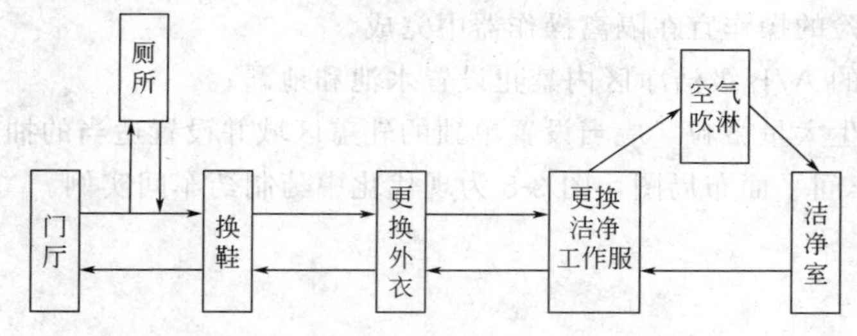

图 2-9　洁净室人员一般净化程序图

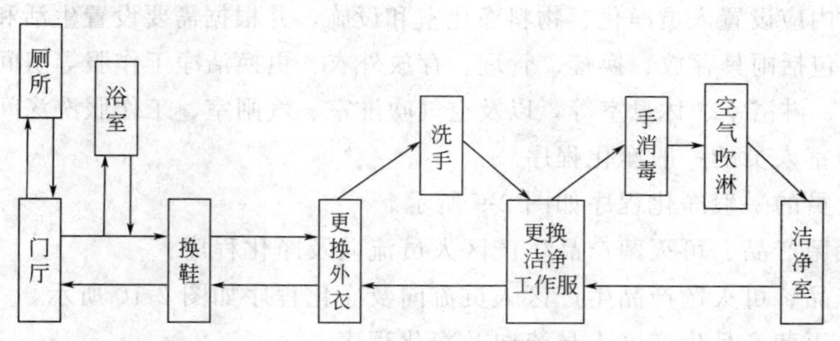

图 2-10　非无菌产品、可灭菌产品生产区人员流向及净化程序图

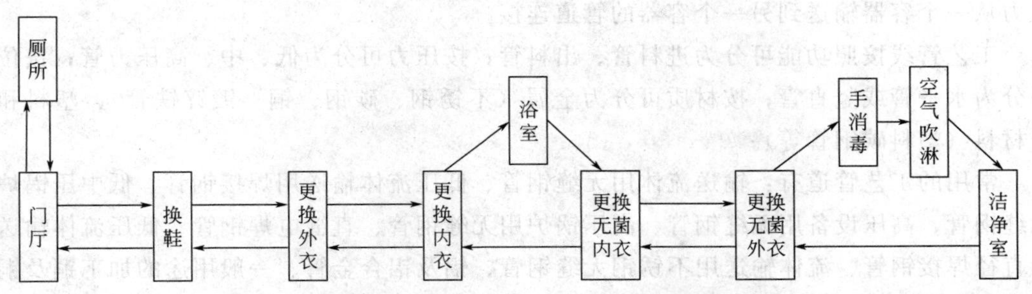

图 2-11　不可灭菌产品生产区人员流向及净化程序图

（4）非无菌药物生产物料净化程序

非无菌药物生产物料净化程序如图 2-12 所示。

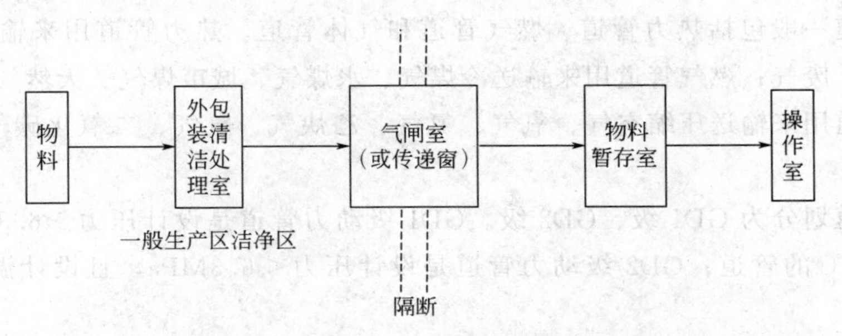

图 2-12　非无菌药物生产物料净化程序图

（5）不可灭菌药物生产物料净化程序

不可灭菌药物生产物料净化程序如图 2-13 所示。

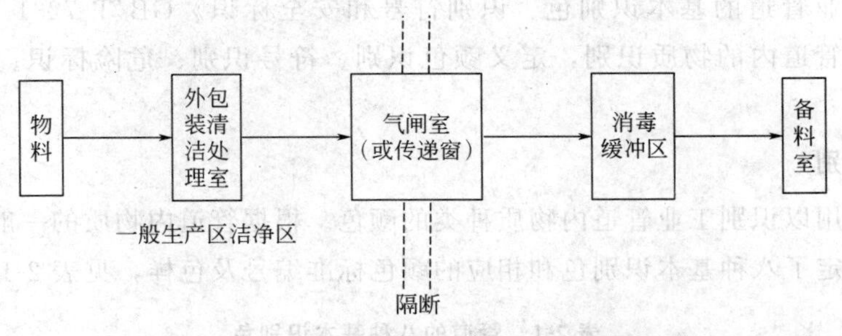

图 2-13　不可灭菌药物生产物料净化程序图

第二节　工艺管道布置

一、管道种类

1. 工艺管线

工艺管线是指物料（一般为流体或流动性粉末、酸碱盐溶剂或工艺用水）通过泵或者压力从一个容器输送到另一个容器的管道连接。

工艺管线按照功能可分为进料管、出料管；按压力可分为低、中、高压力管；按位置可分为水平管或竖直管；按材质可分为金属（不锈钢、碳钢、铜、镀锌铁管）、塑料和复合材料（塑料碳钢管等）。

常用的工艺管道有：输送流体用无缝钢管、低压流体输送用焊接钢管、低中压锅炉用无缝钢管、高压设备用无缝钢管、高压锅炉用无缝钢管、直缝电焊钢管、低压流体输送用大直径焊接钢管、流体输送用不锈钢无缝钢管、铝及铝合金管、一般用途的加工铜及铜合金无缝圆管、化工用硬聚氯乙烯（PVC. U）管、输送用橡胶管、ABS 塑料管、金属软管等。

2. 动力管线

动力管道一般包括热力管道、燃气管道和气体管道。热力管道用来输送：蒸汽、热水、凝结水、废气；燃气管道用来输送冷煤气、水煤气、城市煤气、天然气、液化石油气等；气体管道用来输送压缩空气、氧气、氮气、乙炔气、氢气、二氧化碳气、真空系统、高纯气体等。

动力管道划分为 GD1 级、GD2 级。GD1 级动力管道是设计压力≥6. 3MPa，或者设计温度≥400℃的管道；GD2 级动力管道是设计压力＜6. 3MPa，且设计温度＜400℃的管道。

二、管道识别

根据《工业管道的基本识别色、识别符号和安全标识》GB/T 7231—2003 的规定，为了便于工业管道内的物质识别，定义颜色识别、符号识别、危险标识、消防标识四种标识。

1. 颜色识别

颜色识别用以识别工业管道内物质种类的颜色。根据管道内物质的一般性能可分为八类，并相应规定了八种基本识别色和相应的颜色标准编号及色样，见表 2-1。

表 2-1　管道的八种基本识别色

物质种类	水	水蒸气	空气	气体	酸或碱	可燃液体	其他液体	氧
基本识别色	艳绿	大红	浅灰	中黄	紫色	棕色	黑色	淡蓝
颜色标准编号	G03	R03	B03	Y07	P02	YR05	—	PB06

另外，制药企业还有一些特殊管道的颜色标准要求，如表 2-2 所示。

表 2-2　特殊管道的颜色要求

管线种类	物料管线	上下水管	压缩空气管道	真空管道	冷冻盐水管道
识别	粉红色	绿色	红色防锈漆＋保温	白色	不锈钢＋保温

2. 符号识别

符号识别用以识别工业管道内物质的名称和状态的记号。工业管道的识别符号由物质名称、流向和主要工艺参数等组成，其标识应符合下列要求：

① 物质名称的标识：物质的全称、化学分子式。

② 物质流向的标识：管道内物质的流向用箭头表示，如图 2-14（a）所示；如果管道内物质的流向是双向的，则以双向箭头表示，如图 2-14（b）所示；有时标牌的指向可以表示管道内的物质流向，如图 2-14（c）、（d）所示；如果管道内物质流向是双向的，则标牌指向应做成双向的，如图 2-14（e）所示。

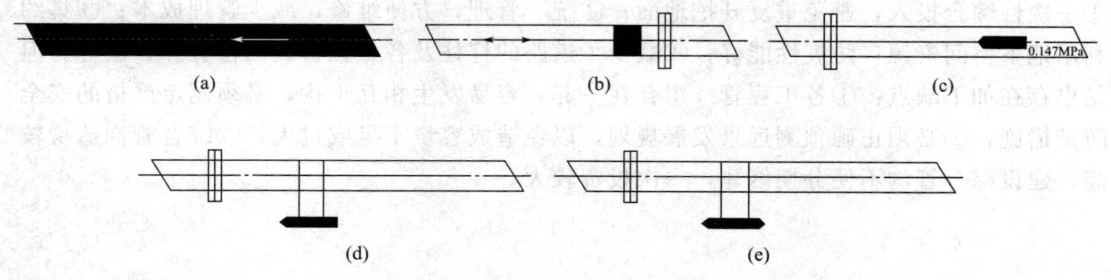

图 2-14　工业管道符号识别参考图

③ 物质的压力、温度、流速等主要工艺参数的标识：使用方可按需自行确定采用。

使用方应从以下五种方法中选择工业管道的基本识别色标识方法：管道全长上标识；在管道上以宽为 150mm 的色环标识；在管道上以长方形的识别色标牌标识；在管道上以带箭头的长方形识别色标牌标记；在管道上以系挂的识别色标牌标识。

三、设置方案

1. 管道敷设

管道敷设方式可分为地上（架空）敷设和地下敷设。敷设的方式的选择应考虑当地气象、水文地质、地形、交通、施工技术、维修方便、投资等方面的因素。合理地选择管道的敷设方式，对节省投资、保证安全可靠地运行和施工维修方便等都有重要意义。

地上敷设，又称架空敷设。它是将管道敷设在地面上的独立支架或建筑物的附墙支架上的敷设方式，是一种较为经济的敷设方式。它不受地下水位、土质和其他地下管线的影响，构造简单，易于发现和消除故障，维修管理方便；但占地面积较多，管道的热损失较大。

地下敷设是指管道敷设在地面以下的敷设方式，不影响市容和交通，因而是城镇集中供热管道广泛采用的敷设方式。地下敷设可分为地沟敷设、直埋敷设、套管敷设和隧道敷设。

2. 直埋

直埋敷设简称直埋，也就是直接埋设，它是指管道直接埋设于土壤中的敷设方式。但根据管道的种类，直接埋设有很多要求，如常见的热力管道，即城镇供热管道敷设，一般是双层钢套管直接埋地敷设，分为无补偿敷设方式和有补偿敷设方式。直埋敷设与地沟敷设相比，具有如下特点：不需要砌筑地沟，土方量及土建工程量较少，管道预制，现场安装工作量减少，施工进度快，可节省供热管网的投资费用。

3. 综合管沟

综合管沟也叫地下管线共同沟，是指可以容纳两种或两种以上市政公用设施管线（包括给水、中水、热力、电力、电信等）的一种集约化、集成化的市政公用基础设施。

综合管沟内部会配备专用检修口、吊装口、排水设施、消防设施、通风设施和检测监控系统，以便于管沟的运行和管理。相比传统的管线单埋方式，综合管沟具有明显优势：①一次性综合投入，避免重复开挖地面；②统一管理，方便维修，减少管理成本；③集约利用地下空间资源；防灾性能好；④减少了道路的杆柱及各工程管线的检查井、室等。但是也存在如下缺点：①各工程管线组合在一起，容易发生相互干扰，必须制定严格的安全防护措施；②必须正确预测远景发展规划，以免造成容量不足或过大；③综合管沟造价较高，建设综合管沟不便分期修建，一次投资较大。

第三章 实验室与药厂常用前处理仪器设备的比对

实验室常用仪器与药厂实际生产设备存在一定差别，实验室对空间条件、物料量等的要求不是很高，追求的是实验的完成，而药厂则是以生产出一定数量合格的产品为目的，因此，实验室与药厂对仪器设备的选择就存在很大的不同。下面以典型的设备为例，对比了解实验室与药厂设备的异同之处。

第一节 药材处理设备

中药材前处理一般需要净选、清洗、切制、炮制等工艺过程，因此采用的前处理设备主要有净选设备、洗药设备、切制设备、炮制设备。

一、净选设备

1. 实验室设备

（1）竹筛、铜筛、铁丝筛

竹筛、铜筛、铁丝筛主要用于除去药物中的沙石等杂质；分离大小不等的药材和粗细粉末。如图 3-1 所示。

（2）实验室电动筛

实验室电动筛可使粗、细料自动排出，可自动化或人工作业，体积小、重量轻、移动方便、出料口方向可任意调整；筛分精度高、效率高。如图 3-2 所示。

2. 药厂设备

（1）振荡式筛分机

图 3-1 竹筛、铜筛、铁丝筛

振荡式筛分机由筛网、筛框、弹性支架、偏心轮及电动机等组成。由电机带动偏心轮转动，使筛子做往复运动，可使药材与杂质分离。如图 3-3 所示。

图 3-2 实验室电动筛

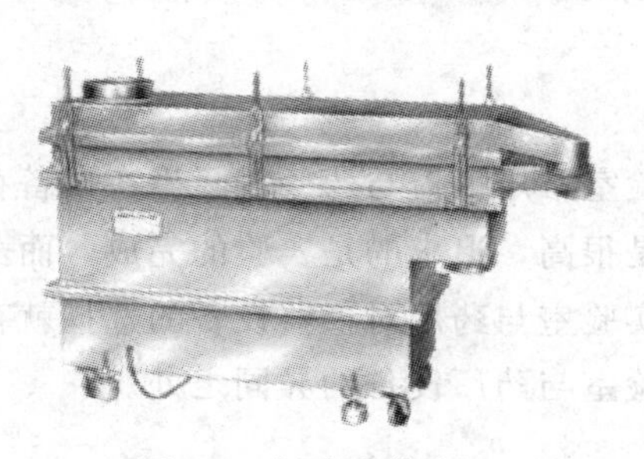

图 3-3 振荡式筛分机

（2）风选机

风选机利用药物与杂质的密度、形状等不同，在气流中的悬浮情况不一，借助风力将药物与杂质分开。如图 3-4 所示。

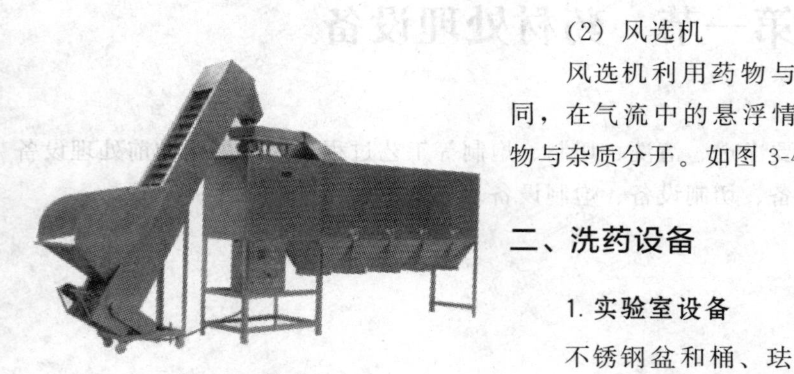

图 3-4 风选机

二、洗药设备

1. 实验室设备

不锈钢盆和桶、珐琅桶以及塑料盆和桶常用于实验室少量药材的清洗。如图 3-5、图 3-6 和图 3-7 所示。

2. 药厂设备

喷淋式滚筒洗药机为药厂常用洗药设备。对中药表面泥沙、杂质、细菌具有良好的洗涤作用，适用于 2mm 以上的根茎类、皮类、种子类、果实类、贝壳类、矿物类、菌藻类中药的清洗，并配有喷淋。水源可选用直接水源，用内螺导板推进物料，实行连续生产、自动出料，对特殊品种可反复倒顺清洗至洗净。如图 3-8 所示。

图 3-5　不锈钢盆和桶

图 3-6　珐琅桶

图 3-7　塑料盆和桶

图 3-8　喷淋式滚筒洗药机

三、切制设备

1. 实验室设备

铡刀、食用刀具为实验室专门用于切剪中药材的工具。如图 3-9 和图 3-10 所示。

图 3-9　中药材铡刀

图 3-10　食用刀具

2. 药厂设备

(1) 往复式切药机

由于机械的传动，使刀片上下往复运动，原料经链条连续送至切药口，由往复式工切刀切制成所需厚度的饮片。无级调速调节进料可切制不同厚度的饮片，如图 3-11 所示。

(2) 转盘式切药机

转盘式切药机常用于根、茎、叶、草、皮及果实类的软硬根茎类纤维性中药的切制。

电动机带动塔轮及同轴上的主轴转动，主轴上的刀盘做旋转切制，主轴转动带动链条做输送，使输送和切制同步完成，达到输送切制的目的，如图 3-12 所示。

（3）旋料式切药机

物料从高速旋转的转盘中心孔投入，在离心力的作用下滑向外围内壁做匀速圆周运动，当物料经过装在切向的固定刀片时，被切成片状，如图 3-13 所示。

图 3-11　往复式切药机

图 3-12　转盘式切药机

图 3-13　旋料式切药机

四、炮制设备

1. 实验室设备

炒药勺、煮药锅及煅药炉常用于实验室内少量药材的炮制，如图 3-14～图 3-16 所示。

图 3-14　炒药勺

图 3-15　煮药锅

图 3-16　煅药炉

2. 药厂设备

（1）炒药机

炒药机常用于各种不同规格和性质的中药材炒制加工。如图 3-17 所示。

（2）炙药机

炙药机用于饮片的酒炙、醋炙、盐炙、姜炙、油炙以及煨制等。如图 3-18 所示。

（3）蒸药箱

蒸药箱由箱体、密封机构、控制系统、电磁阀、电加热器和报警装置等组成。使用时，将药材置于密闭的箱体内，通过电加热产生的蒸汽对物料在常压下进行蒸制。进水（自动/手动）、加热、报警、停机等过程自动完成，安全阀可以确保蒸药过程中箱体内保持常压状态。如图 3-19 所示。

图 3-17　滚筒式炒药机

图 3-18　电热鼓式炙药机

图 3-19　蒸药箱

(4) 夹层罐

夹层罐用于中药材煮制加工，便于控制火力与温度，且大大增加加工容量。如图 3-20 所示。

(5) 煅药炉

煅药炉通过电发热元件升温使锅体导热物料，达到高温煅药。常用于矿石类和贝类药材煅制，如赭石、磁石、钟乳石、牡蛎、珍珠母等。如图 3-21 所示。

图 3-20　夹层罐

图 3-21　轨道式推车煅药炉

第二节　粉碎、筛分及混合设备

一、粉碎设备

1. 实验室设备

(1) 研钵

研钵用于研磨固体物质或使粉末状固体混合。如图 3-22 所示。

(2) 铁研船

铁研船由铁制的碾槽和像车轮的碾盘组成，通过推动铜碗在铜碾子槽中来回压碾研磨，使药材饮片分解、脱壳。用铁研船配置的中药饮片具有良好的药性作用。如图 3-23 所示。

（3）万能粉碎机

万能粉碎机利用活动齿盘和固定齿盘间的高速相对运动，使被粉碎物经齿冲击、摩擦及物料彼此间冲击等综合作用获得粉碎。如图 3-24 所示。

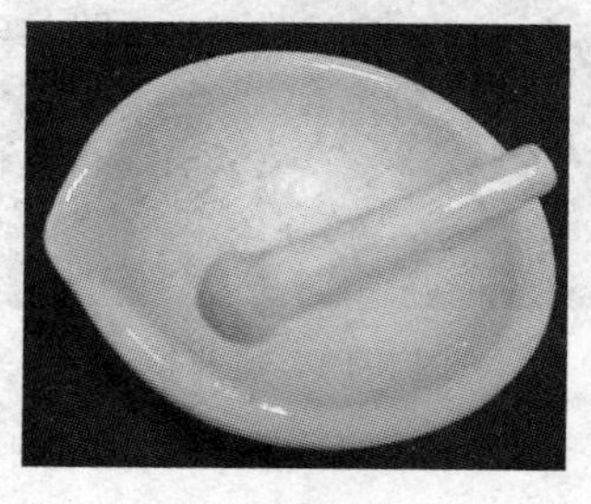
图 3-22　研钵

图 3-23　铁研船

图 3-24　万能粉碎机

2. 药厂设备

（1）球磨机

球磨机是由水平的筒体、进出料空心轴及磨头等部分组成。筒体为长的圆筒，筒内装有研磨体，筒体为钢板制造，由钢制衬板与筒体固定，研磨体一般为钢制圆球，并按不同直径和一定比例装入筒中，研磨体也可用钢锻。如图 3-25 所示。

（2）锤击式中药粉碎机

锤击式中药粉碎机是利用研磨作用来实现干性物料粉碎的设备。它由粉碎室、甩锤、研磨瓦等组成。物料通过投料口进入粉碎室，在甩锤和研磨瓦之间被挤压、撞击、研磨，由于甩锤运动的同时也引起了气流的流动，所以气流带动着被粉碎的物料经过筛网进入滤袋过滤，空气被排出，物料、粉尘被收集，完成粉碎。如图 3-26 所示。

（3）万能磨粉机

万能磨粉机利用活动齿盘和固定齿盘间高速相对运动，使被粉碎物经齿冲击、摩擦及物料彼此间冲击等综合作用获得粉碎。如图 3-27 所示。

图 3-25　球磨机

图 3-26　锤击式中药粉碎机

图 3-27　万能磨粉机

（4）柴田式粉碎机

机器主轴上装有打板、挡板、风叶三部分，由电动机带动旋转。打板和嵌在外壳上的边牙板、弯牙板构成粉碎室，通过其间快速相对运动，形成对被粉碎物的多次打击和互相撞击，达到粉碎目的。如图 3-28 所示。

(5) 胶体磨

胶体磨是由电动机通过皮带传动带动转齿（或称为转子）与相配的定齿（或称为定子）做相对高速旋转，其中一个高速旋转，另一个静止，被加工物料通过本身的重量或外部压力（可由泵产生）加压产生向下的螺旋冲击力，通过定齿、转齿之间的间隙（间隙可调）时受到强大的剪切力、摩擦力、高频振动、高速旋涡等物理作用，使物料被有效地乳化、分散、均质和粉碎，达到物料超细粉碎及乳化的效果。如图 3-29 所示。

(6) 超微粉碎设备

超微粉碎机由粗碎、细碎、风力运送等设备组成，以高速碰击的方式到达粉碎的目的。如图 3-30 所示。

图 3-28　柴田式粉碎机

图 3-29　胶体磨

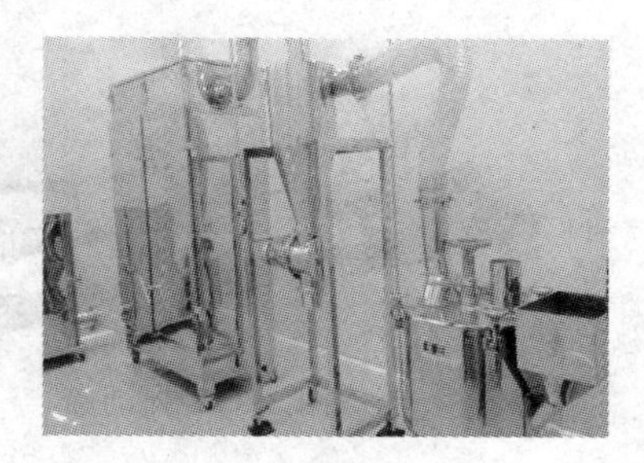

图 3-30　超微粉碎机

二、筛分设备

1. 实验室设备

标准试验筛主要用于各实验室，化验室，物品筛选、筛分、级配等检验部门，对颗粒状或粉状物料的粒度结构、液体类固体物含量及杂物量的精确筛分与过滤。如图 3-31 所示。

2. 药厂设备

(1) 滚筒筛

滚筒筛是分选技术中应用非常广泛的一种机械，它是通过对颗粒粒径大小来控制分选的，分选精度高。滚筒筛的筒体一般分几段，可视具体情况而定；筛孔由小到大排列，每一段上的筛孔孔径相同。如图 3-32 所示。

图 3-31　标准试验筛

图 3-32　滚筒筛

（2）摇动筛

摇动筛是按积木式结构原理设计开发的。在可调整倾角的刚性曲柄轴的驱动下，圆形的筛机体可实现三维空间运动，即在水平的圆周运动上叠加一个垂直方向的上下运动，从而实现筛分。如图 3-33 所示。

（3）振动筛

振动筛是利用振子激振所产生的往复旋型振动而工作的。振子的上旋转重锤使筛面产生平面回旋振动，而下旋转重锤则使筛面产生锥面回转振动，其联合作用的效果则使筛面产生复旋型振动，从而实现筛分。如图 3-34 所示。

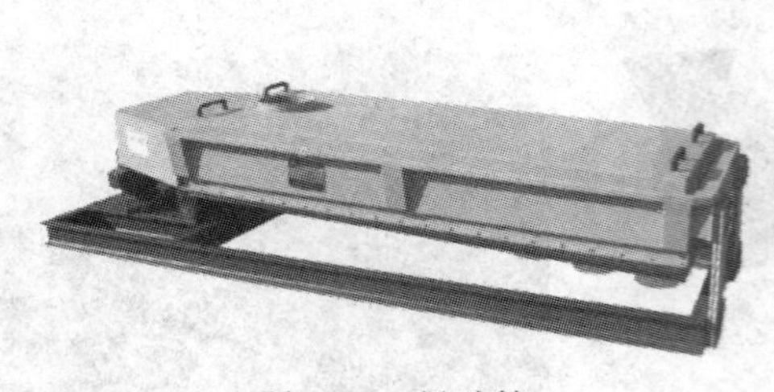

图 3-33　摇动筛

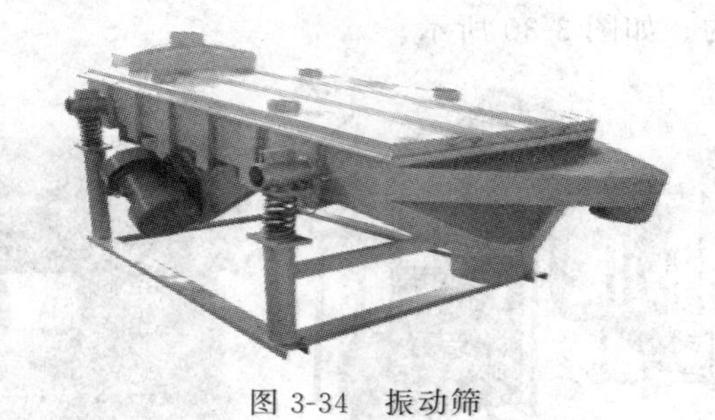

图 3-34　振动筛

三、混合设备

1. 实验室设备

实验室常用混合设备为研钵、乳钵。常用于物料的粉碎或混合。如图 3-35 所示。

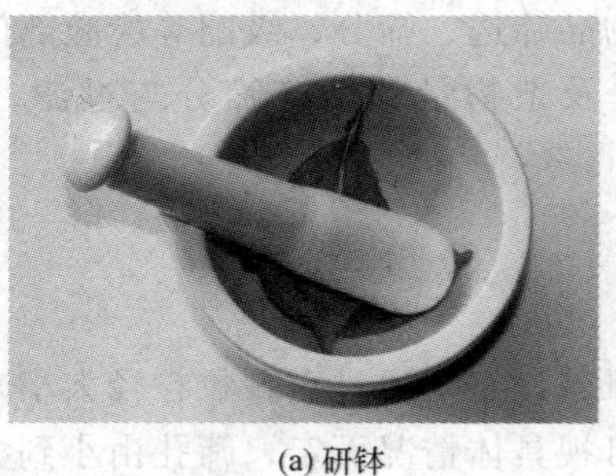

(a) 研钵

(b) 乳钵

图 3-35　研钵与乳钵

2. 药厂设备

（1）固定型混合机

通过机械传动，推动物料往复翻动，均匀混合，操作时采用电气控制，可设定混合时间，提高每批物料的混合质量，达到高均匀度的混合。固定型混合机包括槽型混合机、行星锥形混合机、圆盘形混合机、气流式混合机。如图 3-36 所示为槽型混合机。

（2）回转型混合机

依靠混合机自身的回转作用带动物料达到均匀混合。如图 3-37 所示为双锥混合机。

（3）复合型混合机

在混合机自身运动与内部机械共同作用下达到混合的目的。如图 3-38 所示为三维运动混合机。

图 3-36　槽型混合机

图 3-37　双锥混合机

图 3-38　三维运动混合机

第三节　提取设备

一、煎煮设备

1. 实验室设备

煮药锅常用于实验室内少量药材的煎煮。如图 3-39 所示。

2. 药厂设备

提取罐主要用于以水或有机溶媒为介质在搅拌状态下进行中药材煎煮提取和热回流提取等工艺过程。并可在提取过程中，同时回收挥发油成分。提取罐对大批量药材有效成分提取效率高；节约能源，提取更充分，提取液含药浓度较高。其工作原理为：设备的整个提取过程是在密闭可循环系统内完成，可进行常压提取，也可低压提取，无论是水提、醇提、提油或作其他用途，其具体工艺要求均由中药厂根据药物性能要求自行制定。如图 3-40 所示。

图 3-39　煎煮锅

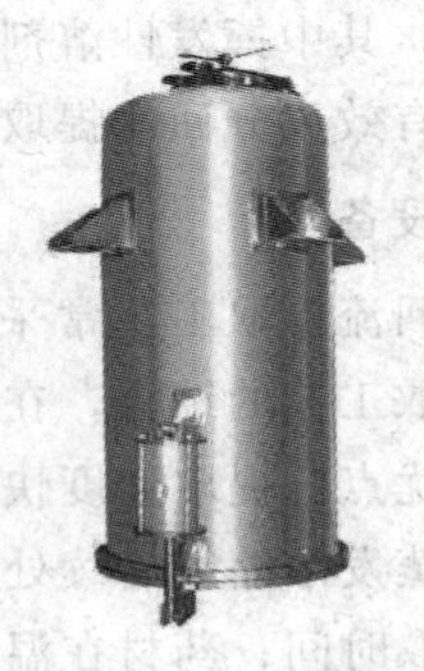

图 3-40　提取罐

二、渗漉设备

1. 实验室设备

实验室常采用渗漉装置。渗漉属于动态浸出方法，溶剂利用率高，有效成分浸出完全，可直接收集浸出液。渗漉装置适用于贵重药材、毒性药材及高浓度制剂；也可用于有效成分含量较低的药材提取。但对新鲜的及易膨胀的药材、无组织结构的药材不宜选用。如图 3-41 所示。

2. 药厂设备

药厂常用渗漉设备为渗漉罐。往药材粗粉中不断添加浸取溶剂使其渗过药粉，从下端出口流出浸取液。渗漉时，溶剂渗入药材细胞中溶解大量的可溶性物质之后，浓度增加，密度增大而向下移动，上层的浸取溶剂或稀浸液置换位置，形成良好的浓度差，使扩散较好地自然进行，故浸润效果优于浸渍法，提取工艺过程也较安全。如图 3-42 所示。

图 3-41　渗漉装置

图 3-42　渗漉罐

三、热回流提取设备

1. 实验室设备

实验室热回流提取常用回流装置。用乙醇等易挥发的有机溶剂提取原料成分，将浸出液加热蒸馏，其中挥发性溶剂馏出后又被冷却，重复流回浸出容器中浸提原料，这样周而复始，直至有效成分回流提取完全。如图 3-43 所示。

2. 药厂设备

药厂热回流提取工艺常采用连续逆流设备。连续逆流提取设备是动态提取、逆流提取、煎煮提取工艺的结合，在保留多种传统工艺优点的同时，创造了这些传统工艺所无法达到的诸多优点：提取速度快；有效成分提取充分；提取收率高；溶剂耗量少；药液浓度高；减少了蒸发浓缩等后续处理工艺；滚筒内药材颗粒移动速度可调节，从而可根据药材特点调整提取时间；药材在温和的动态环境下进行提取，加热温度较低、有效成分破坏较少，使药液中杂质含量少；属于连续式生产，处理能力大。如图 3-44 所示为连续逆流提取机组。

图 3-43　回流装置

图 3-44　连续逆流提取机组

四、超临界提取设备

1. 实验室设备

超临界流体萃取（简称 SFE）是一种适用性很强的绿色分离技术，超临界 CO_2 萃取是采用 CO_2 作溶剂，超临界状态下的 CO_2 流体有较大密度和介电常数，对物质的溶解度很大，并随压力和温度的变化而急剧变化，因此，不仅对某些物质的溶解度有选择性，且溶剂和萃取物容易分离。如图 3-45 所示为实验室用超临界流体萃取装置。

2. 药厂设备

超临界流体提取设备包括萃取釜、高压釜、分离釜、CO_2 贮罐、冷凝器、换热器及控制系统等。如图 3-46 所示为药厂超临界提取设备。

图 3-45　实验室用超临界流体萃取装置

图 3-46　药厂超临界提取设备

第四节　分离设备

一、过滤设备

1. 实验室设备

（1）漏斗

漏斗为实验室最常用的分离溶液与沉淀的工具。如图 3-47 所示。

（2）抽滤装置

抽滤装置利用抽气泵使抽滤瓶中的压力降低，达到固液分离的目的。如图 3-48 所示。

图 3-47 长颈漏斗

图 3-48 抽滤装置

2. 药厂设备

（1）板框压滤机

板框压滤机是典型的机械加压过滤器，是很成熟的脱水设备，主要由固定板、滤框、滤板、压紧板和压紧装置组成。如图 3-49 所示。

（2）微孔过滤机

微孔过滤机的特点是体积小、重量轻、使用方便、过滤面积大、堵塞率低、过滤速度快、无污染、热稀稳定性及化学稳定性好。此滤器能滤除绝大部分微粒，所以广泛应用于精滤和除菌工艺中。如图 3-50 所示。

图 3-49 板框压滤机

图 3-50 微孔过滤机

二、离心设备

1. 实验室设备

离心机为实验室常用离心设备。离心机是利用离心力分离液体与固体颗粒或液体与液体混合物中各组分的机械。离心机主要用于将悬浮液中的固体颗粒与液体分开，或将乳浊液中两种密度不同又互不相溶的液体分开（例如从牛奶中分离出奶油）；它也可用于排除湿固体中的液体，如用洗衣机甩干湿衣服；特殊的超速管式分离机还可分离不同密度的气体混合物；利用不同密度或粒度的固体颗粒在液体中沉降速度不同的特点，有的沉降离心机还可对固体颗粒按密度或粒度进行分级。如图 3-51 所示。

2. 药厂设备

药厂常用离心设备为卧式螺旋离心机。利用离心机转子高速旋转产生的强大的离心力，加快液体中颗粒的沉降速度，把样品中不同沉降系数和浮力密度的物质分离开。如图 3-52 所示。

图 3-51　离心机

图 3-52　卧式螺旋离心机

三、蒸发设备

1. 实验室设备

电热恒温水浴锅广泛应用于干燥、浓缩、蒸馏、浸渍化学试剂、药品和生物制品，也可用于水浴恒温加热和其他温度实验。如图 3-53 所示。

2. 药厂对应设备

（1）循环蒸发器

溶液在蒸发器加热室和分离室中做连续的循环运动，从而提高传热效果，减少污垢热阻，但溶液在加热室滞留量大且停留时间长，不适宜热敏性溶液的蒸发。如图 3-54 所示为外加热循环蒸发器。

图 3-53　电热恒温水浴锅

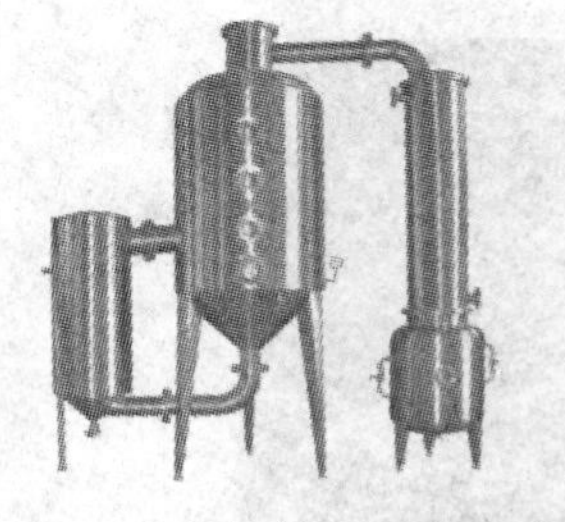

图 3-54　外加热循环蒸发器

图 3-55　升膜式单程蒸发器

（2）单程型蒸发器

溶液只依次通过加热室即可达到所需要的浓度，溶液在加热室仅停留几秒至十几秒，停留时间短，且溶液在加热室滞留量少，蒸发速率高，适宜热敏性溶液的蒸发。如图

3-55 所示为升膜式单程蒸发器。

（3）板式蒸发器

板式蒸发器的传热系数高，蒸发速率快，液体在加热室停留时间短、滞留量少。如图 3-56 所示。

（4）列管式多效蒸馏水器

各效蒸发器之间工作压力不同，第一效产生的纯蒸汽可作为下一效的加热蒸汽，经过多次的换热蒸发，原料水被充分汽化，各效产生的纯蒸汽则在换热过程中被冷却为蒸馏水，从而达到节约加热蒸汽和冷却水的目的。如图 3-57 所示。

图 3-56　板式蒸发器

图 3-57　列管式多效蒸馏水器

四、蒸馏设备

1. 实验室设备

蒸馏装置是利用沸点的差异实现固体和液体或液体和液体分离的。如图 3-58 所示。

2. 药厂对应设备

精馏塔是进行精馏的一种塔式汽液接触装置。利用混合物中各组分具有不同的挥发度，即在同一温度下各组分的蒸气压不同，使液相中的轻组分（低沸物）转移到气相中，而气相中的重组分（高沸物）转移到液相中，从而实现分离的目的。如图 3-59 所示。

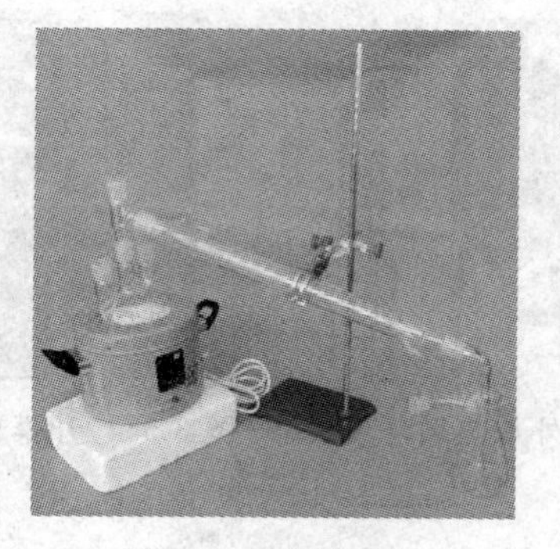

图 3-58　蒸馏装置

图 3-59　精馏塔

五、沉淀设备

1. 实验室设备

烧杯为实验室沉淀操作的常用仪器。通过静置沉淀，实现实验室内少量的液-固分离。如图 3-60 所示。

2. 药厂对应设备

酒精沉淀罐为药厂常用的沉淀设备。主要用于中药水煎液经浓缩后进行冷冻或温酒精沉淀的操作中，也可用于中药醇提后浓缩进行水沉淀的操作中。如图 3-61 所示。

图 3-60　烧杯与静置沉淀

图 3-61　酒精沉淀罐

第五节　干燥设备

一、实验室用设备

（1）蒸发皿

蒸发皿用于少量液体的蒸干。如图 3-62 所示。

（2）电热干燥箱

电热干燥箱常用于原料、产品和玻璃仪器的干燥。如图 3-63 所示。

（3）红外干燥箱

红外干燥箱可用于原料、产品和玻璃仪器的干燥。如图 3-64 所示。

图 3-62　蒸发皿

图 3-63　电热干燥箱

图 3-64　红外干燥箱

（4）减压干燥箱

减压干燥箱专为干燥热敏性、易分解和易氧化物质而设计，能够向内部充入惰性气体，特别是一些成分复杂的物品也能进行快速干燥。如图 3-65 所示。

（5）冷冻干燥器

冷冻干燥器就是将含水物质，先冻结成固态，而后使其中的水分从固态升华成气态，以除去水分而保存物质的冷干设备。如图 3-66 所示。

图 3-65 减压干燥箱

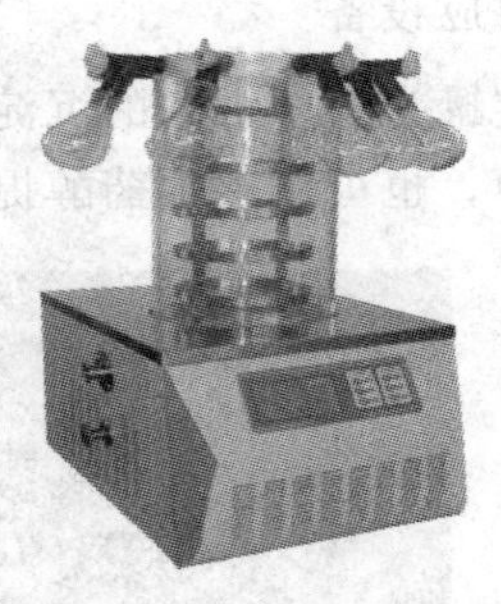

图 3-66 冷冻干燥箱

二、药厂对应设备

（1）厢式干燥器

厢式干燥器是一种外形为厢体的干燥器。一般为间歇式常压干燥器。厢体器壁用绝热材料构成，以减少热量损失。干燥器内设有框架，湿物料置于框架上的盘内。新鲜空气从上侧引入，经一组加热管后，横经框架，在盘间及盘上流动。当空气温度降低后，被另一组加热管重新预热，再流经其他框架，如此重复，最后返至上侧排出。如图 3-67 所示。

（2）带式干燥器

带式干燥器常用于透气性较好的片状、条状、颗粒状物料的干燥，对于脱水蔬菜、中药饮片等含水率高而物料温度不允许高的物料尤为合适。如图 3-68 所示。

图 3-67 厢式干燥器

图 3-68 带式干燥器

（3）沸腾流化床干燥器

沸腾流化床干燥器由空气过滤器、沸腾床主机、旋风分离器、布袋除尘器、高压离心通风机、操作台组成。利用流态化技术干燥湿物料。适用于散粒状物料的干燥，如药品中的原料药、压片颗粒料、中药等。如图 3-69 所示。

(4) 喷雾干燥器

喷雾干燥器主要用于干燥产品并分离回收，适用于连续大规模生产，干燥速度快。主要适用于热敏性物料、生物制品和药物制品。如图 3-70 所示。

图 3-69　沸腾流化床干燥器

图 3-70　喷雾干燥器

(5) 冷冻干燥器

冷冻干燥机是由制冷系统、真空系统、加热系统、电器仪表控制系统所组成的机器。冷冻干燥机主要部件分为干燥箱、凝结器、冷冻机组、真空泵、加热/冷却装置等。如图 3-71 所示。

(6) 红外线辐射干燥器

红外线辐射干燥器是利用红外线辐射来干燥物料的。如图 3-72 所示。

图 3-71　冷冻干燥器

图 3-72　红外线辐射干燥器

第六节　换热设备

一、实验室用设备

(1) 可调式电加热套

可调式电加热套集调压、恒温于一体，适用于各种玻璃仪器的加热。如图 3-73 所示。

(2) 电热恒温水（油）浴锅

电热恒温水（油）浴锅集恒温和辅助加热于一体。如图 3-74 所示。

（3）直（球、蛇）形冷凝管

管内走冷凝水，蒸汽在管外冷凝。如图 3-75 所示。

图 3-73　可调式电加热套

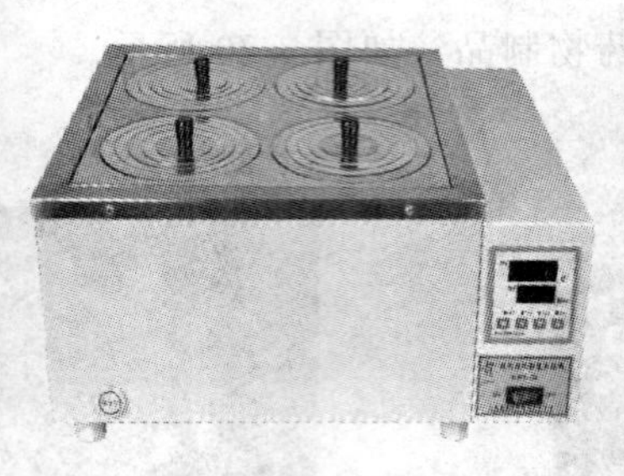

图 3-74　电热恒温水浴锅

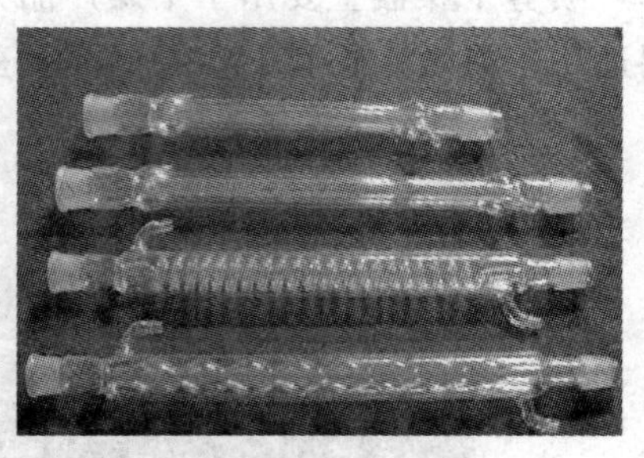

图 3-75　直（球、蛇）形冷凝管

二、药厂对应设备

（1）管式换热器

管式（又称管壳式、列管式）换热器是最典型的间壁式换热器，它在工业上的应用有着悠久的历史，而且至今仍在所有换热器中占据主导地位。管式换热器主要有壳体、管束、管板和封头等部分组成，壳体多呈圆形，内部装有平行管束，管束两端固定于管板上。如图 3-76 所示。

（2）板式换热器

板式换热器是由一系列具有一定波纹形状的金属片叠装而成的一种高效换热器。各种板片之间形成薄矩形通道，通过板片进行热量交换。如图 3-77 所示。

图 3-76　管式换热器

图 3-77　板式换热器

（3）夹套式换热器

夹套装在容器的外部，夹套与容器之间形成的密封空间为加热或冷却介质的通道。夹套通常用钢和铸铁制成，可焊接在器壁上或者用螺钉固定在容器的法兰上，夹套式换热器主要用于加热或冷却。当用蒸汽进行加热时，蒸汽由上部接管进入夹套，冷凝水则由下部接管排出。如图 3-78 所示。

(4) 其他形式换热器

其他形式换热器诸如夹套式换热器、沉浸式蛇管换热器、喷淋式换热器、套管式换热器、翅片管式换热器、石墨换热器、热管等。如图 3-79 所示为翅片管式换热器。

图 3-78 夹套式换热器

图 3-79 翅片管式换热器

第四章

实验室与药厂常用成型仪器设备的比对

第一节　丸剂制备设备

丸剂制备的设备包括混合设备、泛制法制备丸剂的设备、塑制法制备丸剂的设备和滴制法制备丸剂的设备。

一、混合设备

1. 实验室用混合设备

丸剂制备中混合设备主要用于药粉的混合，实验室常用的混合设备有乳钵、药筛和小型槽式混合机，如图 4-1～图 4-3 所示。

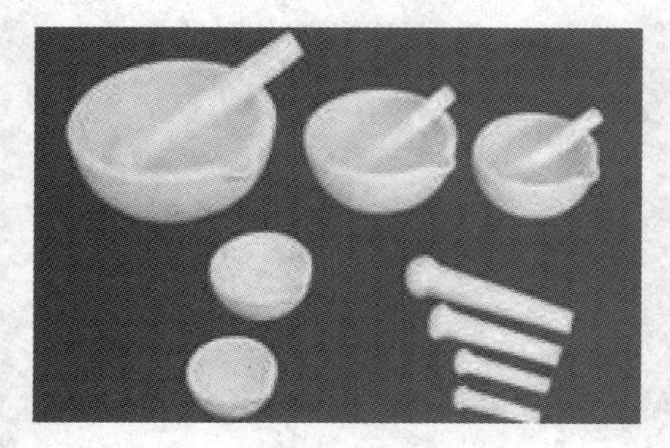

图 4-1　乳钵

图 4-2　药筛

2. 药厂用混合设备

药厂常用的混合设备有槽式混合机、锥型混合筒、V型混合筒和三维混合机。

（1）槽型混合机

槽型混合机广泛应用于中药粉状或湿性物料，使不同比例主辅料混合均匀。本机因与物料接触处均采用不锈钢制造，桨叶与桶身间隙小，混合无死角，搅料轴两端设有密封装置，能防止物料外泄，广泛适用于制药、化工、食品等行业，如图4-4所示。

图4-3　小型槽式混合机

图4-4　槽型混合机

（2）锥型混合筒

锥型混合筒的搅拌部件为两条不对称悬臂螺旋，长短各一。它们在绕自己的轴线转动（自转）的同时，还环绕锥型容器的中心轴，借助转臂的回转在锥体壁面附近又做行星转动（公转）。该设备通过螺旋的公转、自转使物料反复提升，在锥体内产生剪切、对流、扩散等复合运动，从而达到混合的目的，如图4-5所示。

（3）V型混合筒

V型混合筒为高效不对称混合机，它适用于化工、食品、医药、饲料、陶瓷、冶金等行业的粉料或颗粒状物料的混合。该机的结构合理、简单，操作密闭，进出料方便（人工或真空加料），筒体采用不锈钢材料制作，便于清洗，是制药企业的基础设备之一。该设备一端装有电机与减速机，电机功率通过皮带传给减速机，减速机再通过联轴器传给V型混合筒。使V型混合筒连续运转，带动筒内物料在筒内上、下、左、右进行混合，如图4-6所示。

图4-5　锥型混合筒

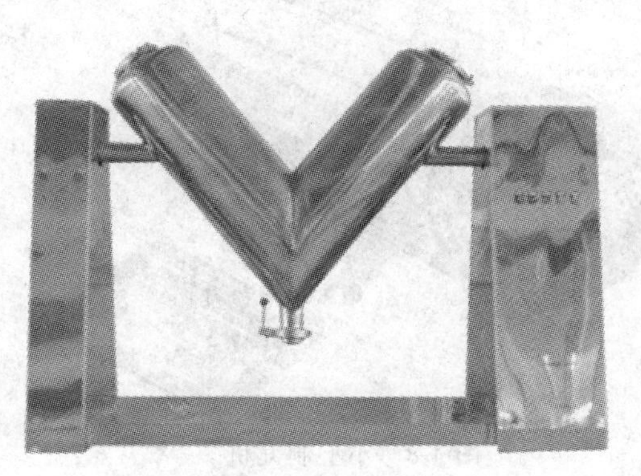

图4-6　V型混合筒

图 4-7　三维混合机

（4）三维混合机

本设备适用于中药干粉物料的混合，可使不同密度和不同粒度的几种物料非常均匀地混合在一起，达到最佳混合状态，如图 4-7 所示。

二、泛制法制备丸剂设备

泛制法是将药物细粉与水或其他液体胶黏剂（黄酒醋、药汁、浸膏）交替湿润并撒布在适宜的容器或机械中，不断翻滚，逐层增大的一种方法。其工艺流程为：原辅料的准备→药粉混合→起模→成型→盖面→干燥→选丸→质量检查→包装。

1. 实验室泛制丸设备

实验室泛制法制备丸剂的传统方法主要是手工泛丸法，需要竹匾、竹刷和棕刷等工具。近年来，随着机械化的发展，小型制丸机（图 4-8）用于中草药泛制成丸代替了手机泛丸，机器采用高精度的机械传动方式，可连续自动（也可手动）加工成型，大大地减轻了工作强度。小型制丸不仅适用于泛制法，也适用于塑制法制备丸剂，用于泛制法制丸的组件是包衣锅。在泛制丸时，要注意：①药粉应为细粉；②加水和加药粉的量要适中；③团、揉、撞三个动作的力度大小要适宜。

2. 药厂泛制法制备丸剂的设备

药厂泛制法制备丸剂的设备主要是高效包衣机。高效包衣机是一种可以用于泛制法制备丸剂，也可以对片剂、丸剂、糖果等进行有机薄膜包衣、水溶薄膜衣、缓控释性包衣的一种高效、节能、安全、洁净的机电一体化设备。包衣机适用于制药、化工、食品等行业。高效包衣机适合工业化大生产，生产效率高。图 4-9 所示为常见药厂包衣锅。

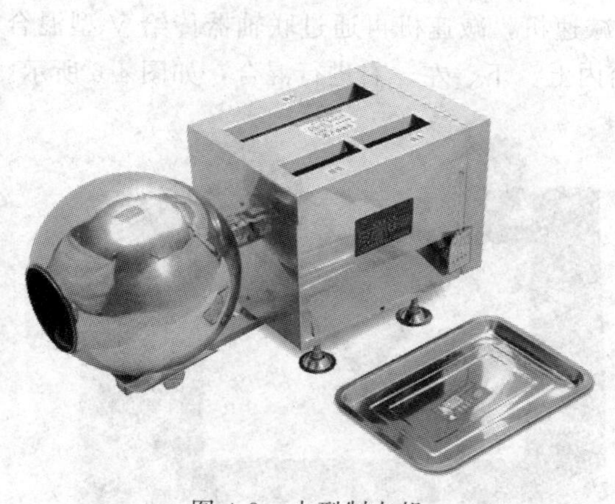

图 4-8　小型制丸机

图 4-9　药厂包衣锅

三、塑制法制备丸剂设备

塑制法制备丸剂又称丸块制丸法，是将药材细粉或药材提取物与适宜的赋形剂混匀，制成软硬适宜的塑性丸块，再制成丸条，经分割及搓圆而制成的丸剂。适用于中药蜜丸、浓缩丸、糊丸等丸剂的制备。

1. 实验室用蜜丸制备设备

（1）手摇制丸机

手摇制丸机小巧美观，重量适中，既方便移动，又保证制丸的必要压力；压饼、搓条、搓丸一机完成，使用简便；各相关部件配合精密，实心滚轴刻纹，保证压力且压力均匀，适合各种性质物料，成丸率高达 95%；精雕挂带齿滚轴，保证出丸顺畅，与反向磨圆轴的专利技术保证丸粒均匀圆整，如图 4-10 所示。

图 4-10　手摇制丸机

（2）小型制丸机

小型制丸机主要用于中草药的成丸生产，机器采用高精度的机械传动方式，可连续自动（也可手动）加工成型。既适用于泛制法又适用于塑制法制备丸剂，用于塑制法制丸剂的是右边的组件，可以压丸块、制丸条、切割滚圆成丸粒。图 4-11 所示为实验室制丸机。

2. 药厂用塑制丸设备

工业化制丸是将药材细粉或药材提取物与适宜的黏合剂混匀，制成软硬适宜、可塑性较大的丸块，通过制成丸条、分粒、搓圆而成的一种制丸过程。图 4-12 为全自动中药制丸机及其搓丸轮部分的展示。

图 4-11　实验室制丸机

四、滴丸制备设备

滴制法指药物与适宜基质制成溶液或混悬液，滴入另一种互不混溶的液体冷凝

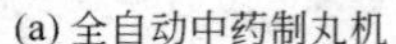

(a) 全自动中药制丸机

(b) 搓丸轮

图 4-12　全自动中药制丸机及其搓丸轮部分图

剂中，使之冷凝成丸粒的一种制丸方法。用于滴丸的制备，可分为实验室设备和药厂设备。

1. 实验室用滴丸制备设备

实验室滴丸机由制冷机组、冷却柱、滴罐（含药液加热、温控和滴制控制）、集油箱等组成。滴丸机体积小，重量轻，手动操作，数字显示，温度自动控制，参数可任意设置，工作直观，操作方便。图 4-13 所示为实验室滴丸机。

图 4-13　实验室滴丸机

2. 药厂用滴丸制备设备

药厂用滴丸制备设备主要由药物调剂供应系统、动态滴制收集系统、循环制冷系统、计算机触摸屏控制系统、在线清洗系统、集丸离心机、筛选干燥机等几个部分组成。相对于实验室滴丸机，药厂滴丸制备设备自动化程度高，滴丸的制备可以一步完成。图 4-14 所示为药厂滴丸机。

五、微丸制备设备

制丸机在包衣机的基础上，创新加入了挤出制丸模块和切线喷制丸功能。通过旋转光盘和齿盘的快捷转换，使本机同时具有起母、造粒、包衣、挤压、滚圆多种功能。微丸机具备离心造丸、挤出滚圆制丸和切线喷制丸三重微丸制备方法，也可将成品微丸投入物料

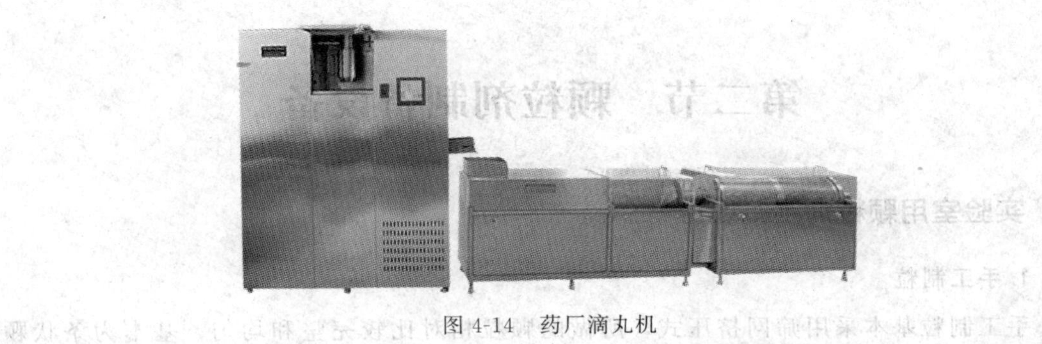

图 4-14　药厂滴丸机

槽内、喷入雾化包衣液进行包衣。微丸真球度好、大小均匀、药剂利用率高，适用于缓释性药剂制丸、微丸包衣等工艺。微丸制备设备可分为实验室用微丸制备设备和药厂用微丸制备设备。

1. 实验室用微丸制备设备

实验室用微丸机如图 4-15 所示 。

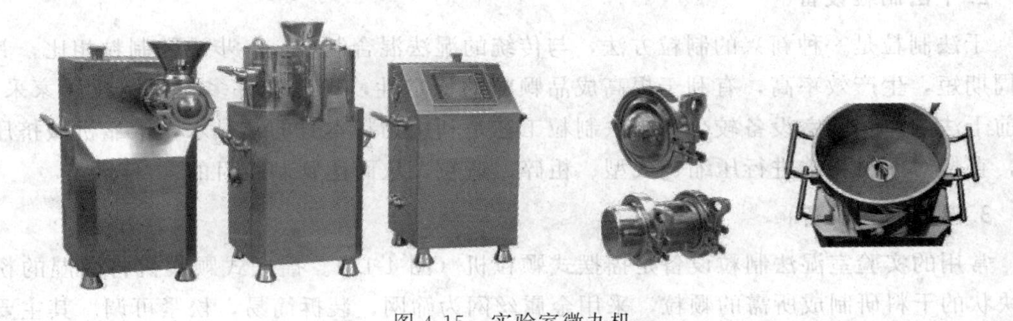

图 4-15　实验室微丸机

2. 药厂用微丸制备设备

药厂用微丸机如图 4-16 所示。

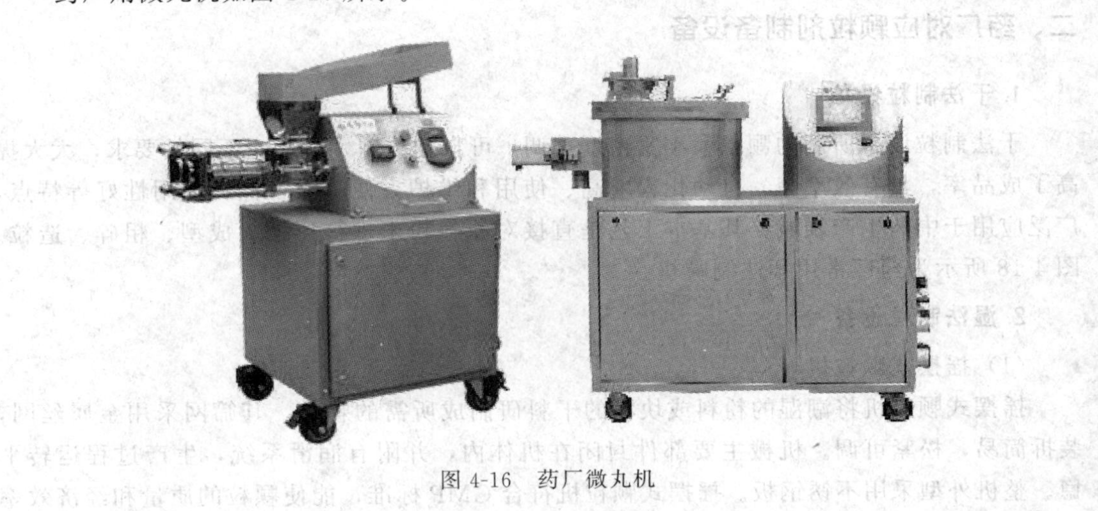

图 4-16　药厂微丸机

第二节　颗粒剂制备设备

一、实验室用颗粒剂制备设备

1. 手工制粒

手工制粒基本采用筛网挤压式，所做的颗粒相对比较完整和均匀，基本为条状颗粒。机器制粒由于设备原理不同，制出颗粒的粒型、粒径、均匀度等均有差异。相对来说，摇摆式制粒机制出的颗粒也是采用筛网，所以可能和手工制出的颗粒相差无几；而如果采用湿法制粒机或喷雾沸腾床等设备制出的颗粒相对圆整，但是粒径差别很大。在实验条件允许的情况下，尽量采用小型摇摆式颗粒机（图 4-17）制粒更接近工业化生产。

2. 干法制粒设备

干法制粒是一种新兴的制粒方法，与传统的湿法混合制粒、一步沸腾制粒相比，其生产周期短，生产效率高，有利于提高成品颗粒的稳定性，现已被许多粉体制粒厂家采用。目前干法制粒实验室设备较少，干法制粒工艺是利用物料本身的结晶水，依靠机械挤压原理，直接对原料粉末进行压缩、成型、粗碎、造粒，从而达到制粒目的。

3. 湿法制粒设备

常用的实验室湿法制粒设备是摇摆式颗粒机（图 4-17）。摇摆式颗粒机将潮湿的粉料或块状的干料研制成所需的颗粒，采用金属丝网为筛网，装拆简易，松紧可调。其主要机械部件封闭在机体内，并附有润滑系统，生产过程运转平稳。整机外型采用不锈钢板。符合 GMP 标准，使颗粒的质量和经济效率明显提高。

二、药厂对应颗粒剂制备设备

1. 干法制粒设备

干法制粒设备所制的颗粒大小紧密度可调，可自动控制，能适应不同的要求，大大提高了成品率，具有效率高、自动化程度高、使用和维护方便、噪音低、通用性好等特点，广泛应用于中药生产领域。其基本工艺是直接对原料粉末进行压缩、成型、粗碎、造粒。图 4-18 所示为药厂常用干法制粒机。

2. 湿法制粒设备

（1）摇摆式颗粒机

摇摆式颗粒机将潮湿的粉料或块状的干料研制成所需的颗粒，其筛网采用金属丝网，装拆简易，松紧可调。机械主要部件封闭在机体内，并附有润滑系统，生产过程运转平稳。整机外型采用不锈钢板。摇摆式颗粒机符合 GMP 标准，能使颗粒的质量和经济效率明显提高。图 4-19 所示为药厂用摇摆式颗粒机。

图 4-17　摇摆式颗粒机

图 4-18　药厂常用干法制粒机

（2）沸腾（一步）制粒机

沸腾（一步）制粒机是一种将喷雾干燥技术与流化床制粒技术结合为一体的新型中成药制粒设备。该设备集混合、喷雾干燥、制粒、颗粒包衣多功能于一体；可生产出微辅料，少剂量、无糖或低糖的中成药产品；所制颗粒剂速溶，冲剂易于溶出，片剂易于崩解，符合 GMP 要求；与一般的制粒设备相比较自动化程度较高。图 4-20 为常见的沸腾（一步）制粒机。

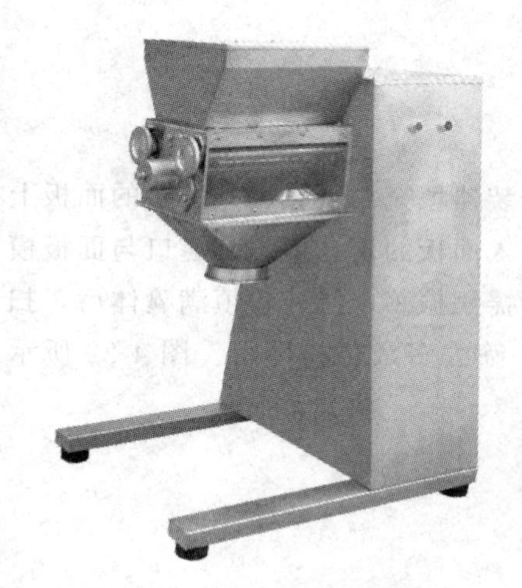

图 4-19　药厂用摇摆式颗粒机

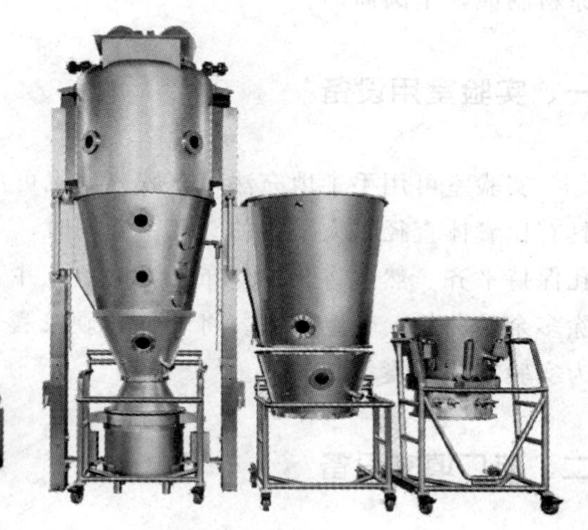

图 4-20　沸腾（一步）制粒机

（3）旋转制粒机

旋转制粒机中与物料接触部分均采用不锈钢制造，外型美观，结构合理，制粒成型率高，颗粒美观，自动出料，可避免人工出料造成的颗粒破损，并适合流水作业。图 4-21 所示为常见旋转制粒机。

图 4-21　旋转制粒机

第三节　胶囊剂制备设备

胶囊剂可分为硬胶囊剂、软胶囊剂（胶丸）和肠溶胶囊剂，主要供口服应用。

硬胶囊剂系指将一定量的药材提取物与药粉或辅料制成均匀的粉末或颗粒，充填于空心胶囊中，或将药材粉末直接分装于空心胶囊中制成的剂型。空心胶囊一般以明胶为主要原料制成，呈圆筒形。

一、实验室用设备

实验室可用手工填充法填充胶囊，也可用硬胶囊分装器填充。硬胶囊分装器的面板上具有比囊体直径稍大一些的圆孔。使用时，先将囊体装入面板的模孔中，其囊口与面板模孔保持平齐。然后将药粉分布于囊口上，并手持分装器摇摆振荡，待药粉填满囊体后，扫除多余的药粉，套上囊帽。将装好的硬胶囊倒在筛里，筛去多余药粉即得。图 4-22 所示为实验室用胶囊填充设备。

二、药厂填充设备

全自动硬胶囊充填机是目前国内外市场上高产量多功能的先进产品，该机创新设计了新的传动机构，使其运行更加稳定，并有效解决了长期难以解决的冲粉杆粘带粉问题，并配有优良的配置，其减速机、凸轮分度器、电器元件选用国际知名品牌的产品，机器性能稳定。具有密封性好、变频无级调速、操作系统简捷、胶囊上机率高、装量准确、体积小、能耗低、产量高、产品标准化以及噪声低、震动小等优点，其主要技术指标处于国际先进水平。安装上相应的模具，即可充填 00 号～5 号硬胶囊和相应的安全型胶囊，其最

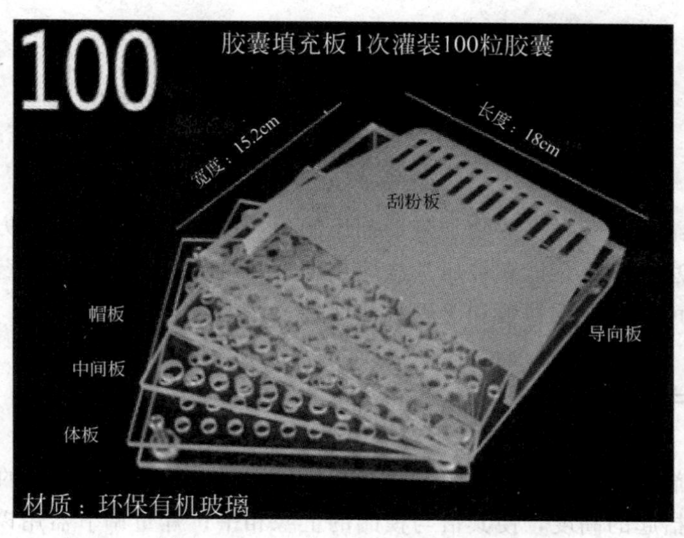

图 4-22　实验室用胶囊填充设备

高产量可达 7500 粒/分钟。

全自动硬胶囊充填机配置高速面板式微型打印机，可设置自动打印或手动打印；可随时提供当前产量、产量累计、周期成品率和成品率的文字说明。此外，可采用平板电脑控制系统，具有操作权限设置及电子签名，设备运行状况和生产成品时各种信息可追溯记录等功能。

智能化的人机界面对话系统可监控各工位的在线情况。可编程控制器通过具有报警信息的触摸屏，提示主电机、真空泵、加料电机等工作状态，胶囊斗与料粉斗的容量位置，实际成品数量，成品率，操作工有无操作失误等信息，是唯一一种采用声音报警、信息提示的综合管理系统。本机可增加通讯端口，可实现与计算机的对接，适应现代化的生产管理。如图 4-23 所示。

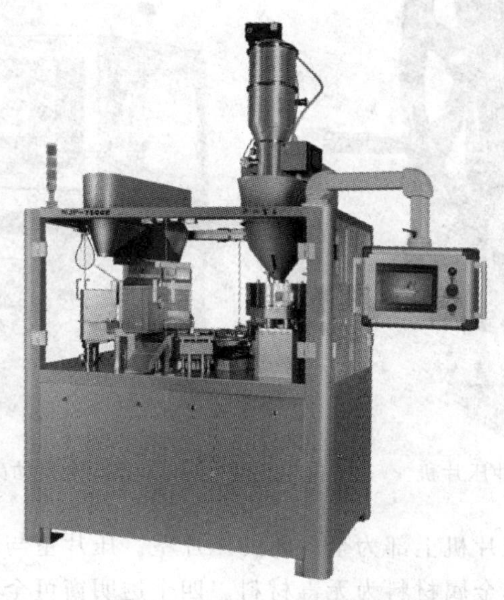
图 4-23　全自动硬胶囊充填机

第四节 片剂制备设备

片剂是药材细粉或药材提取物加赋形剂压制而成的片状剂型。制备方法主要有颗粒压片法和直接压片法两大类，以颗粒压片法应用最多。颗粒压片法根据主药性质及制备颗粒的工艺不同，又可分为湿颗粒法和干颗粒法两种，以湿颗粒法应用最广。

一、实验室用片剂制备设备

实验室用片剂制备设备主要为单冲压片机（图 4-24）。单冲压片机的原理：出片调节器用以调节下冲抬起的高度，使其恰与模圈的上缘相平；片重调节器用以调节下冲下降的深度，借以调节模孔的容积从而调节片重；压力调节器的用途是调节上冲下降的距离，若上冲下降多，上、下冲间的距离近，压力大，反之则压力小。

二、药厂对应片剂制备设备

药厂用片剂制备设备主要是全自动高速双出料压片机，即全自动高速旋转式压片机（图 4-25），经一对预压轮和一对主压轮两次将各种颗粒状原料压制成片。

图 4-24 单冲压片机

图 4-25 全自动高速旋转式压片机

全自动高速双出料压片机上部为全封闭的压片室。压片室与药粉接触的金属材料为耐酸碱的奥氏体不锈钢；非金属材料为无毒材料。四个透明窗可全部打开，使机器清洁无阻碍，更换冲具方便。

机器下部由四扇内贴多孔材料的不锈钢门密封，内装各种驱动设备，既保证了安全又减少了噪音。压片过程由充填、计量、预压、主压、出片五道工序完成。压片机的操作完全由电控柜上的触摸屏控制。

主体支承结构为四立柱结构。如图 4-25 所示，底板上面装有左右立架，左右立架上装有一个基座板，基座板和顶板由四根立柱支撑，整机的高度仅有 2m 左右，重心低，所以设备在运行的时候非常平稳。

上主压轮和预压轮由两块支板支承，支板直接装在顶板上，将所受的力最后传到顶板和立柱上，保证上主压轮和预压轮的压力，减小了震动和噪音。

第五节　膏药制备设备

膏药是药物与适宜的基质制成专供外用的半固体或近似固体的传统制剂。在膏药生产的过程中，首先要将处理好的药材与基质混合制成稠厚的煎膏，再均匀滩涂于背衬材料上。根据制备所选用药材的不同，膏状物的稠厚状态不同，可以选择不同的煎膏设备和滩涂设备。

一、实验室用煎膏与滩涂设备

1. 实验室用煎膏设备

实验室中制备膏药时，炸制药料、下丹成膏的过程均可以使用铁锅进行，根据药材、膏状物、烟的状态，依据经验对煎膏的质量进行判断。由于煎膏过程中所需要的温度较高，因此一般使用直火加热的方式。图 4-26 所示为实验室煎膏锅。

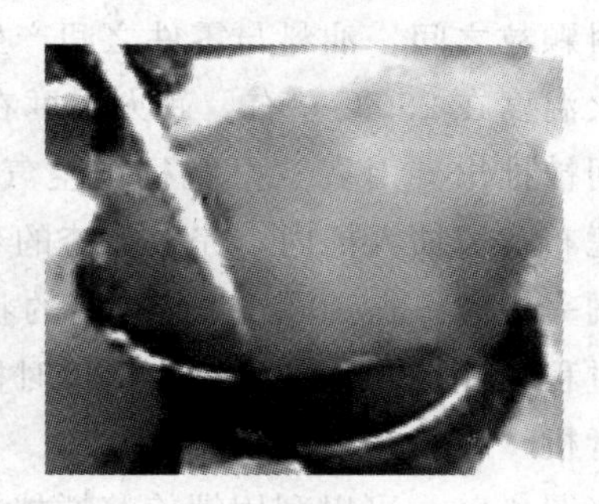

图 4-26　实验室煎膏锅

2. 实验室用滩涂设备

小型刮刀涂布器（图 4-27）是供实验室用的、适合于小剂量膏药的涂布设备。使用该设备进行涂布操作前，需先将炼制好的 70℃左右的药膏倾倒于玻璃板上，再利用不锈钢薄片压于刮刀座上，向涂（胶）辊上施加压力。根据刮刀的软硬度和角度，调整压锤，控制刮刀施加适宜的压力，从而获得适量的涂药量。一般刮刀的压力控制在

200～400kPa。

二、药厂对应煎膏与摊涂设备

1. 药厂用煎膏设备

（1）药油炸制机

制备膏药时，需要将药物浸入油中进行炸制，而传统手工熬制硬膏药劳动强度大，温度火候不容易控制，对熬药工人操作的要求极高，且会产生大量的油烟，导致环境污染。现代制药过程中所采用的膏药熬制机能够对温度、时间、下丹速度、搅拌速度进行控制，从而保证工艺流程和每一批次膏药的质量均一稳定。图 4-28 所示为药油炸制机。

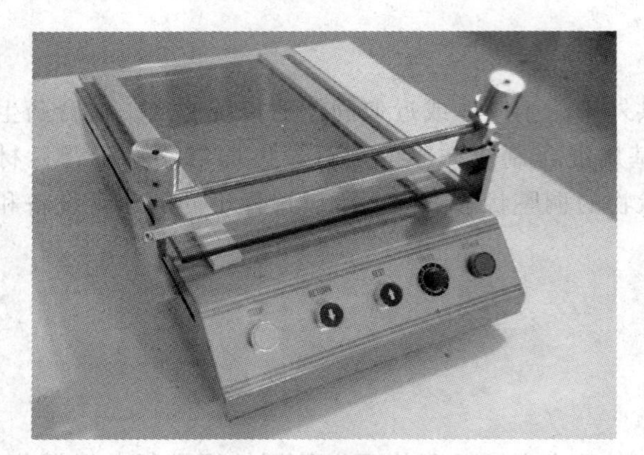

图 4-27　小型刮刀涂布器

图 4-28　药油炸制机

炼油温度是制备膏药的关键步骤，药油炸制机能够通过自动控温装置，增加设备主机温度，使油料颗粒之间、油料与零件之间产生摩擦，热量增加，从而破坏了油料间的组织细胞，文武火温度在 250℃左右，武火温度在 300℃以上。油从油线中溢出，饼则从出饼头与出饼口间被推出。由真空泵把桶内空气抽出，桶内形成负压，油渣被隔离在滤布上面，油通过滤布，被抽入桶内，完成去渣的步骤，最后得到纯正的油液。

药油炼制完成后，在 300℃以上高温的状态下加入铅丹或铅粉即可炼制而成为膏药。在膏药制备过程中，控制炼膏火候、下丹时机、下丹速度是关键工艺步骤。

（2）制膏机

制膏机（图 4-29）可以利用螺旋桨搅拌或者高压喷射的方式，制造出短时真空状态，从而利用剪切力快速均匀地将一个相或多个相分布至另一个连续相当中。利用机械力带来强劲的动能，使物料和基质在定转子狭窄的间隙中，每分钟承受多达几十万次的液力剪切、离心、挤压、撞击、撕裂等综合力的作用，使药物在基质中瞬间分散，经过高速反复循环操作形成细腻稳定的混合物。

制膏机具有加热的功能，能够在热熔状态下搅拌，有利于均匀混合。有些药物或者基质是以粉末形式出现，因此该生产设备应当密封条件下进行操作，防止粉末飞扬，进入空气中。

2. **药厂用滩涂设备**

膏药的药效不在于药物滩涂的厚度，而与滩涂面积息息相关。在膏药生产过程中为了保证其药效，需要使用涂覆设备将制备好的膏浆均匀摊于纸或棉布裱褙材料上，确保每张贴膏的重量一致且涂形圆整、滩涂均匀。

(1) 气刀涂布器

气刀涂布器（图4-30）具有多个高压喷嘴，将压缩空气从喷嘴出喷出，通过调节高压喷射的空气量，能够调节涂布量并进行涂布层的平滑化处理，最终获得药量均匀、表面光滑平整的涂布效果。气刀涂布器适合进行较大量的涂药工作，但是要使涂层均匀、平滑，需要求所涂药膏具有较高的浓度和黏度。

图4-29 制膏机

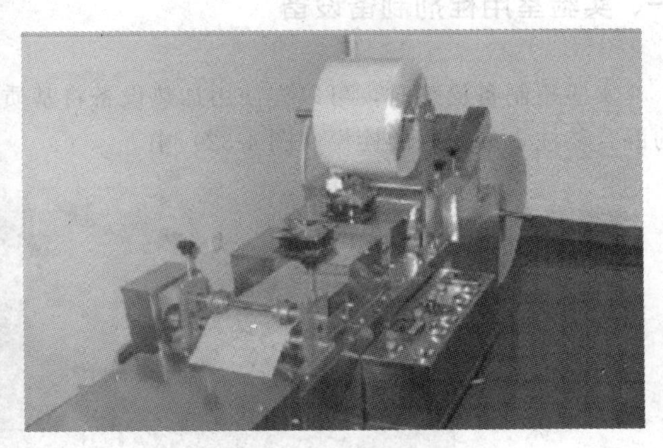

图4-30 气刀涂布器

(2) 辊式涂布器

辊式涂布器（图4-31）是一种利用涂布辊向背衬材料上涂布药膏的设备，它将已经制备好的膏状物倾覆于两辊之间，辊轮转动过程中将药物涂覆于背衬材料上。涂药量可以通过计量辊之间的压力进行调节，增加压力则涂药量减少，降低压力则涂药量增加。涂覆完毕后，剪裁成适当的形状即可。

生产过程中需注意控制好涂布机两滚筒间的距离，以保证涂膏量适中。

图4-31 辊式涂布器

第六节　栓剂制备设备

栓剂是药物与适宜基质制成供腔道给药的固体剂型。栓剂制备方法有搓捏法、冷压法、热熔法，其中热熔法是制备栓剂最常用的方法，需要将熔融的基质注入到栓模当中。实验室一般是采用手工操作的方法灌装栓模，而药厂中使用计量泵更精准地灌装熔融基质。

一、实验室用栓剂制备设备

实验室制备栓剂时，可以先使用加热设备将基质熔融，再手工将熔融后的基质与药物的混合物注入准备好的栓模（图 4-32）中。

图 4-32　栓模

实验室进行手工灌模时，需事先将栓模涂抹润滑剂。倾倒熔融的含药基质时，需稍微溢出模口，放冷凝固后，再用刮刀削去溢出的部分。

图 4-33　自动旋转式制栓机

二、药厂对应栓剂制备设备

自动旋转式制栓机（图 4-33）可以通过饲料装置添加基质，随后搅拌、熔融装置将搅拌均匀的药物基质混合液通过高精度计量泵自动灌装入栓剂模型中，整个过程在不间断地旋转过程中进行，再通过旋转式冷却台冷却若干时间后使药液凝固，刮削设备在旋转过程中将冷凝后溢出的基质削掉，成段的栓剂颗粒通过冷却装置后，进入封口阶段，同时整形，打印批号，最后进一步裁剪成型。

相比于手工灌模，自动旋转式制栓机自动化程度高，温控准确，可以根据药料基质的黏稠度不同，调整搅拌的速度以及灌装后的冷却速度，制备而得的栓剂性质均一，质量更稳定，且适用于各种黏稠度的基质，应用范围更广。

第七节　注射剂制备设备

注射剂是指将药物制成的供注入体内的灭菌溶液、乳浊液、混悬液及供临用前配成溶液或混悬液的无菌粉末。注射剂具有以下优点：药效迅速，作用可靠，可直接以液体形式进入人体；适用于不宜口服的药物，如胃肠道不易吸收、易被消化液破坏或对胃肠道有刺激性的药物；适用于不能口服的病人，如昏迷、抽搐状态或者消化系统疾患，吞咽功能丧失或者有障碍的患者；可发挥定位定向的局部作用，通过关节腔、穴位等部位注射给药，有的能延长药效（缓释），有些可用于临床疾病的诊断。缺点：使用不便、注射疼痛，给药和制备过程复杂，生产设备成本较高等。

一、实验室用注射剂制备设备

1. 安瓿熔封机

实验室常用安瓿熔封机（图 4-34）是集控制箱和熔封台为一体的产品，具有设计创新、体积小、存放方便，火焰均匀、拉丝光滑、熔封速度快等特点。采用煤气或石油液化气为燃料，与传统工艺相比，节约了时间及成本，工作效率更高。它是医院、制剂室、学校、科研单位、小药厂、生物制剂厂熔封安瓿的理想设备。本机可对 1～20mL 规格的安瓿瓶（图 4-35）及试管进行熔封作业。

图 4-34　实验室用安瓿熔封机

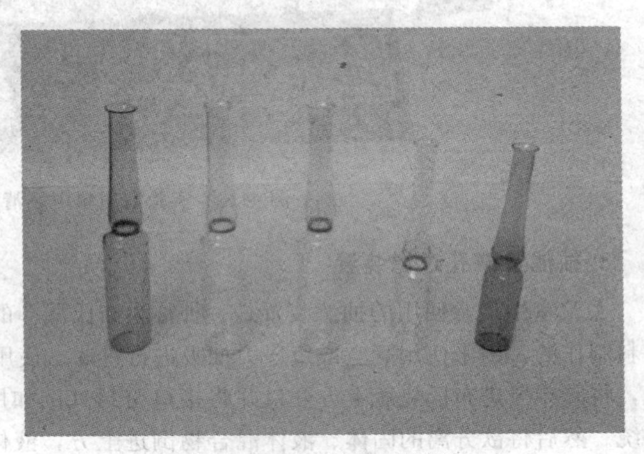

图 4-35　注射剂用安瓿瓶

熔封机使用方法：

① 连接好燃气管道（设备后面混合三通右下方针型调节阀接口）；

② 插好电源线（设备后面右上角插口）；

③ 开启电源开关（设备正面右上角）；

④ 慢慢地开启燃气针型阀，直到点着灯头；

⑤ 慢慢地开启助燃气针型阀（设备后面左下角）直到两个灯头发出细长蓝色火焰即可工作（火焰越细长越好）；

⑥ 将安瓿瓶放置托盘上，先不要马上放进火焰里，首先要看火焰是否处于托盘中心点，以及是否处在所需要的熔封高度（只需松开支架上的一个旋钮就可以任意选择，而后旋紧）；

⑦ 把灌好药液的安瓿瓶再放到托盘和火焰的中心，左手徐徐地均匀地转动瓶子，等烧到锻红色的时候，右手用镊子把上截拉掉即可；

⑧ 工作结束后必须先关掉助燃气的阀门，而后关燃气阀门。

2. 超声波清洗机

实验室常用安瓿瓶清洗仪器为超声波清洗机（图 4-36）。超声清洗是利用超声波在液体中的空化作用、加速作用及直进流作用对液体和污物直接、间接作用，使污物层被分散、乳化、剥离而达到清洗目的。超声波清洗机具有：速度快、质量高、易于自动化控制；不受清洗件表面复杂形状的限制等特点；对深孔、细缝和工件隐蔽处亦可清洗干净；对工件表面无损伤；节省溶剂、热能、工作场地和人工等特点。超声波清洗技术广泛用于食品加工、医疗卫生、医药等领域。

图 4-36　实验室用超声波清洗机

3. 抽滤及微孔过滤装置

实验室中最常使用的抽滤装置是一种称为布氏漏斗的陶瓷仪器［图 4-37（a）］，也有用塑料制作的，用来使用真空或负压力抽吸进行过滤。使用的时候，一般先在圆筒底面垫上滤纸，将漏斗插进布氏烧瓶上方开口并将接口密封（例如用橡胶环）。布氏烧杯的侧口连抽气系统。然后将欲分离的固体、液体混合物倒进上方，液体成分在负压力作用下被抽进烧杯，固体留在上方。该方法常用于中药注射剂前制备阶段醇沉液的过滤。此外，对于加入安瓿瓶中的中药注射剂，实验室多采用微孔滤膜过滤［图 4-37（b）］除去杂质及微生物。

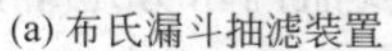

(a) 布氏漏斗抽滤装置

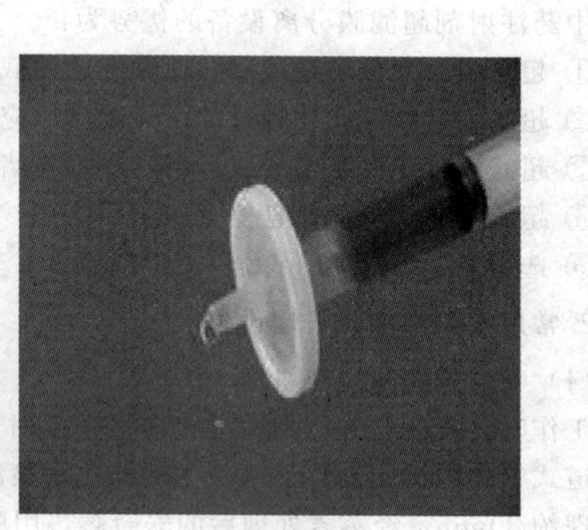

(b) 微孔滤膜过滤装置

图 4-37　实验室用布氏漏斗抽滤装置及微孔滤膜过滤装置

二、药厂对应注射剂制备设备

1. 中药注射剂膜过滤设备

在中药注射剂生产过程中，由于提取液中的鞣质、淀粉、树脂和蛋白质较多，传统的水醇法会造成有效成分的损失且除杂效果不理想，不仅给患者带来服用时的不便和痛苦，同时也使中药制剂易变质，制剂口感差。然而，中药注射剂超滤膜分离技术则可以保证有效成分的通过，并将分子量数万至数百万的杂质和热原阻截，达到除去杂质保留有效成分的目的。图 4-38 所示为药厂用中药注射剂膜过滤设备。

图 4-38　药厂用中药注射剂膜过滤设备

中药注射剂超滤膜分离设备的优势为：

① 超滤膜对大分子杂质、热原和细菌的截留率高，提高用药安全；

② 超滤膜过滤纯属物理过滤，无化学反应，不改变药效成分；

③ 超滤膜过滤属于错流式运行，膜不易堵塞；

④ 超滤膜使用寿命长且安全；

⑤ 选用卫生级材质，符合 GMP 认证。

2. 常用安瓿洗涤、干燥设备

（1）喷淋式安瓿洗瓶机组

工作时，安瓿全部以口向上方向整齐排列于安瓿盘内，在冲淋机传送带的带动下，进入隧道式箱体内接受顶部淋水板中的纯化水喷淋，使安瓿内注满水，再送入安瓿蒸煮箱内热处理约 30min，经蒸煮处理后的安瓿趁热用甩水机将安瓿内水分甩干，安瓿甩水机最佳转速应在 400r/min 左右。图 4-39 为安瓿喷淋机的示意图。

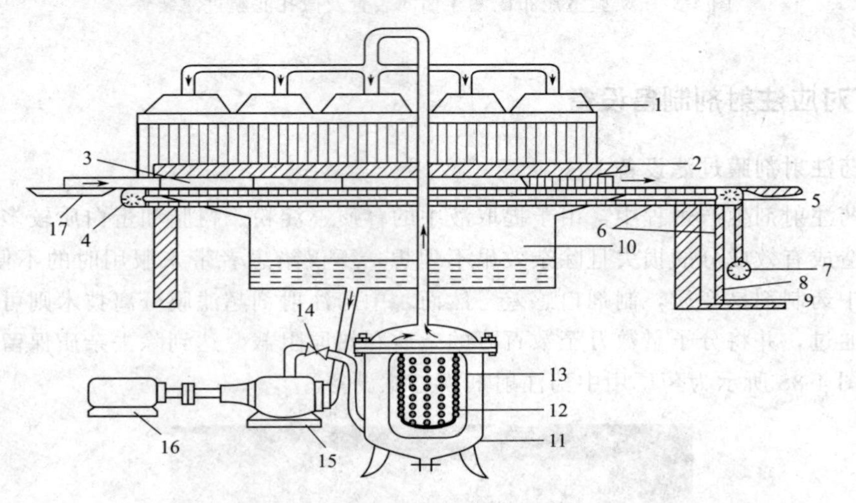

图 4-39 安瓿喷淋机示意图

1—多孔喷头；2—尼龙网；3—盛安瓿的铝盘；4—链轮；5—止逆链轮；6—链条；7—偏心凸轮；8—垂锤；9—弹簧；10—水箱；11—滤过器；12—涤纶滤袋；13—多孔不锈钢；14—调节阀；15—离心泵；16：电动机；17—轨道

（2）超声波安瓿洗瓶机

浸没在清洗液中的安瓿在超声波发生器的作用下，使安瓿与液体接触的界面处于剧烈的超声振动状态时产生“空化”作用，将安瓿内外表面的污垢冲击剥落，从而达到清洗的目的。图 4-40 所示为 18 工位连续回转超声波洗瓶机的工作原理示意图。该机由 18 等分原盘、针盘、上下瞄准器、装瓶斗、推瓶器、出瓶器、水箱等机件构成。在水平卧装的针鼓转盘上设有 18 排针管，每排针管有 18 支针头，共 324 支。在与转鼓相对的固定盘上，不同工位上设有管路接口，通入水或空气。

图 4-41 为安瓿瓶水针超声波洗瓶机的外观图。

（3）连续电热隧道式灭菌烘箱

连续电热隧道式灭菌烘箱（图 4-42）由传送带、加热器、层流箱、隔热机架组成。

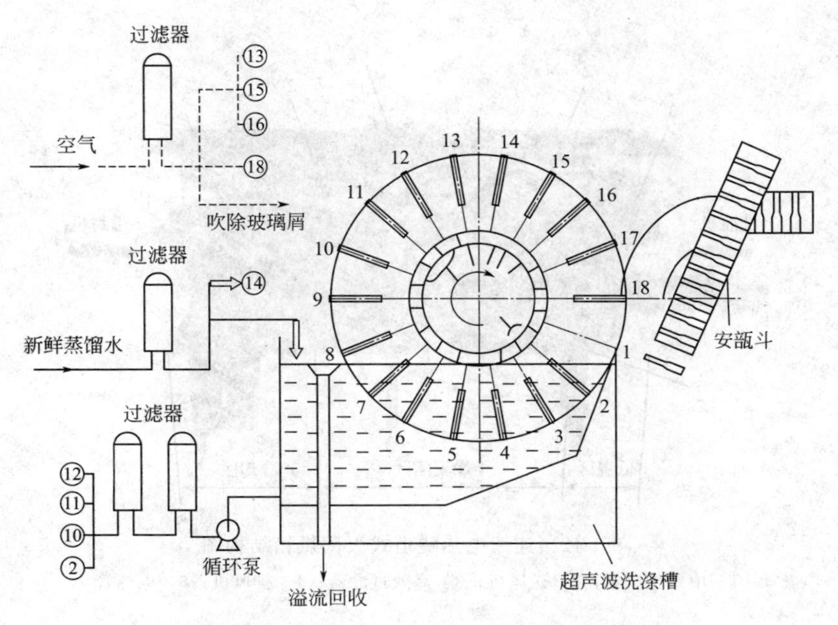

图 4-40　18 工位连续回转超声波洗瓶机工作原理图

1—引瓶；2—注循环水；3～7—超声波空化；8,9—空位；10～12—循环水冲洗；13—吹气排水；14—注新蒸馏水；15,16—吹净化气；17—空位；18—吹气送瓶

图 4-41　安瓿瓶水针超声波洗瓶机

使用过程中应严格按照操作程序，在机器运行中应密切监视电气控制箱面板上的温度显示。若由于不正常因素而产生过热，应立即断开总电热开关，待箱内温度降至设定温度50℃后，再重新合上电闸。若仍不正常，则说明控制部分有故障，应停用并及时进行详细检查。

3. 安瓿灌封设备

灌封是将过滤洁净的药液，定量地灌注到经过清洗、干燥及灭菌处理的安瓿内，并加以封口的过程。药品生产企业多采用拉丝灌封机，分为 1～2mL、5～10mL 和 20mL 三种机型。三种机型结构相似，灌封过程相同。灌封过程包括安瓿的排整、灌注、充氮、封口等工序。药厂用安瓿灌封机（图 4-43）按其功能结构分解为三个基本部分：送瓶部分、

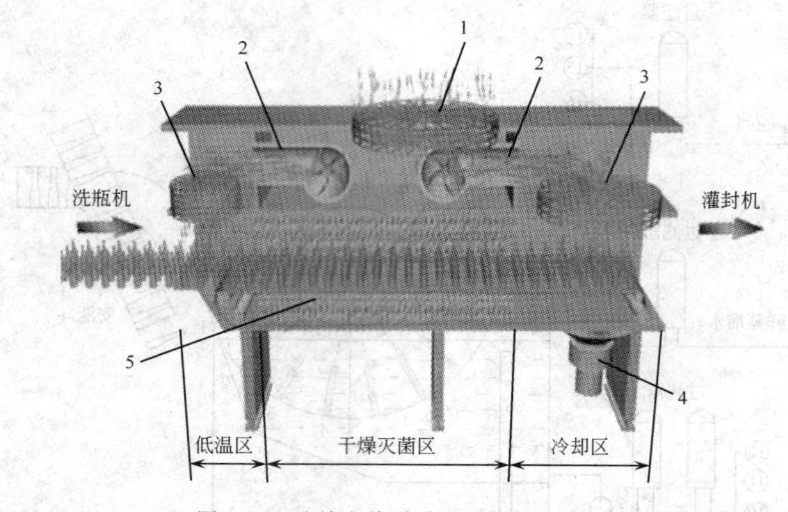

图 4-42　连续电热隧道式灭菌烘箱结构图

1—中效过滤器；2—送风机；3—高效过滤器；4—排风机；5—电热管

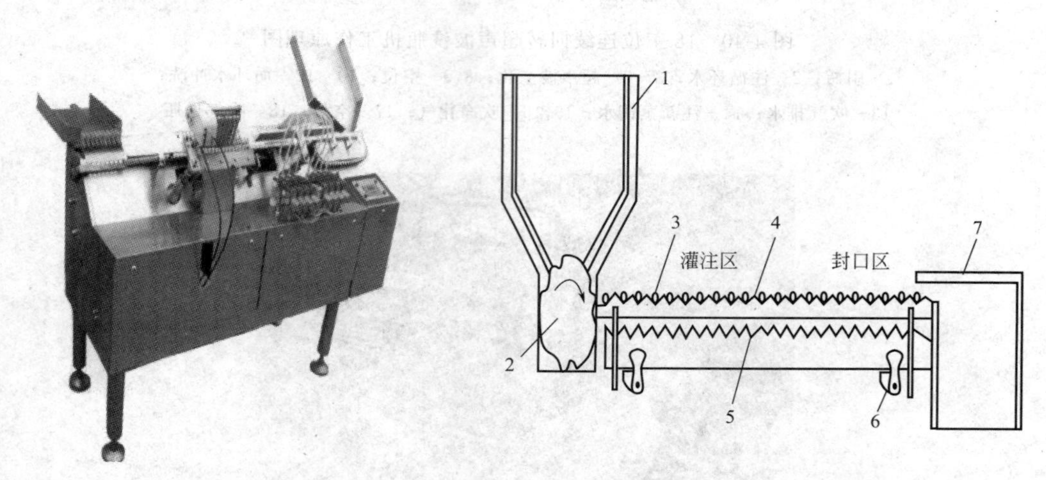

图 4-43　安瓿灌封机及送瓶部分工作原理图

1—安瓿斗；2—梅花盘；3—安瓿；4—固定齿板；5—移瓶齿板；6—偏心轴；7—出瓶斗

灌注部分和封口部分。传送部分主要负责进出和输送安瓿；灌注部分主要负责将一定容量的注射液注入空安瓿内；封口部分负责将装有注射液的安瓿瓶颈实施封闭。

第八节　气雾剂制备设备

气雾剂指原料药物或原料药物和附加剂与适宜的抛射剂共同装封于具有特制阀门系统的耐压容器中，使用时借助抛射剂的压力将内容物呈雾状物喷出，用于肺部吸入或直接喷至腔道黏膜或皮肤表面的制剂。内容物喷出后呈泡沫状或半固体状，则称之为泡沫剂或凝胶剂。气雾剂与其他剂型在生产上最大的不同是需要耐压容器和阀门系统。

气雾剂的容器应能耐压，对内容物稳定。目前主要以玻璃、塑料和金属等作为容器材料。理想的容器应具有耐腐蚀、性质稳定、不易破碎、美观价廉等特点。目前常用的气雾剂容器是金属容器。

阀门系统是气雾剂的重要组成部分，其精密程度直接影响产品的质量。其基本功能是调节药物和抛射剂从容器中定量流出。常用的阀门系统有一般阀门系统和定量阀门系统，其中定量阀门系统比一般阀门系统多设置一个定量杯，结构如图 4-44 所示。

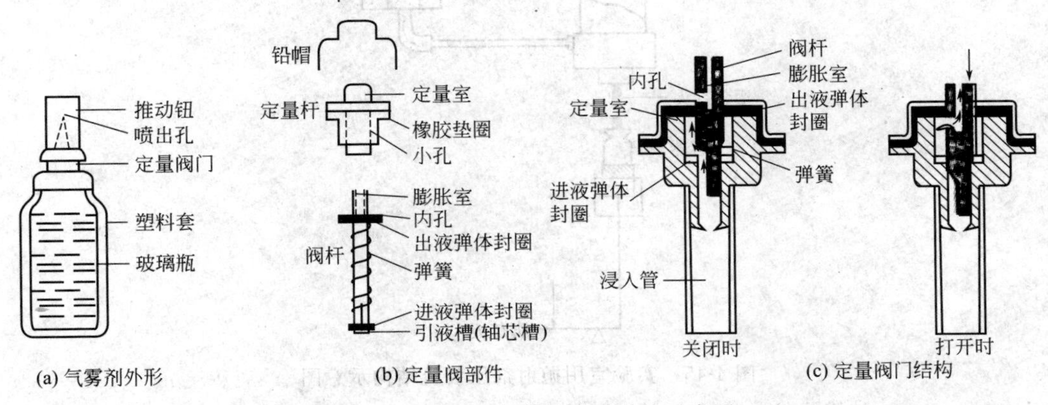

图 4-44　定量阀门的组成及结构示意图

气雾剂生产中的关键步骤是填充抛射剂，而抛射剂的填充方法有压力灌装法（压罐法）和冷冻灌装法（冷罐法）两种。

压罐法是先将配制的药液在室温下灌入容器内，再将阀门装上并轧紧封帽，然后抽去容器内空气，最后在压装机中定量压入抛射剂。抛射剂压装机结构如图 4-45 所示，液化抛射剂自进口经砂滤棒滤过后进入压装机，当容器向上顶时，灌装针头伸入阀杆内，压装机与容器的阀门同时开启，液化抛射剂以自身膨胀压经过定量室的小孔进入容器内。

压灌法的关键是要控制操作压力，通常控制为 68.65～105.98kPa。压力过高不够安全，但若压力低于 41.19kPa 时，抛射剂的填充则无法进行，故可将抛射剂钢瓶用热水或红外线加热，使压力提高而达到要求。

压灌法设备简单，不需低温操作，抛射剂损耗小，目前国内多采用此法。但生产速度较慢，且组装过程中压力的变化幅度较大，需采取安全措施，压装机需有防护装置。

一、实验室用设备

实验室用抛射剂压装机的结构如图 4-45 所示。

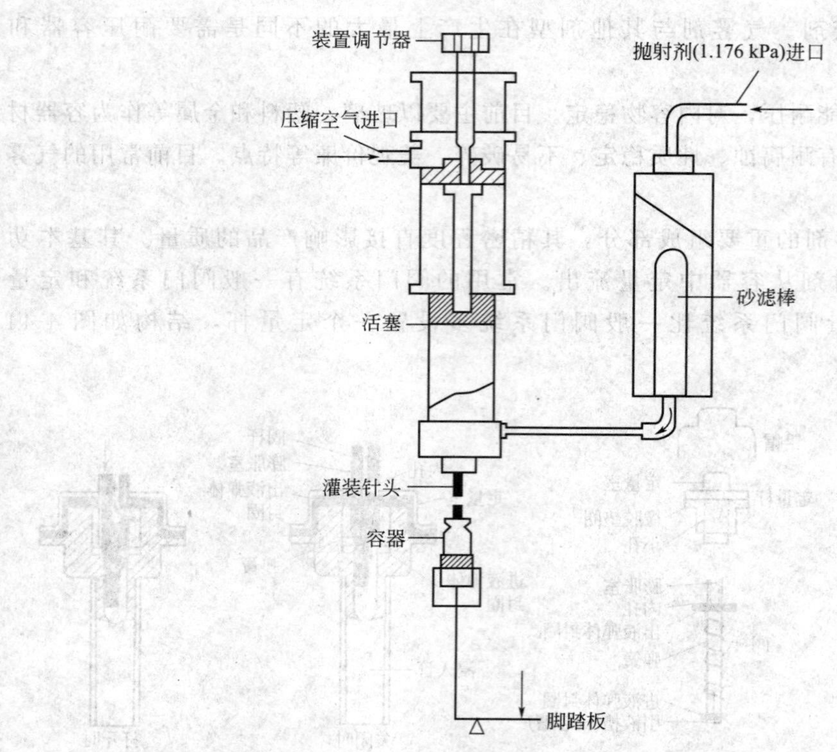

图 4-45　实验室用抛射剂压装机结构示意图

二、药厂生产设备

药厂用抛射剂压装机如图 4-46 所示。

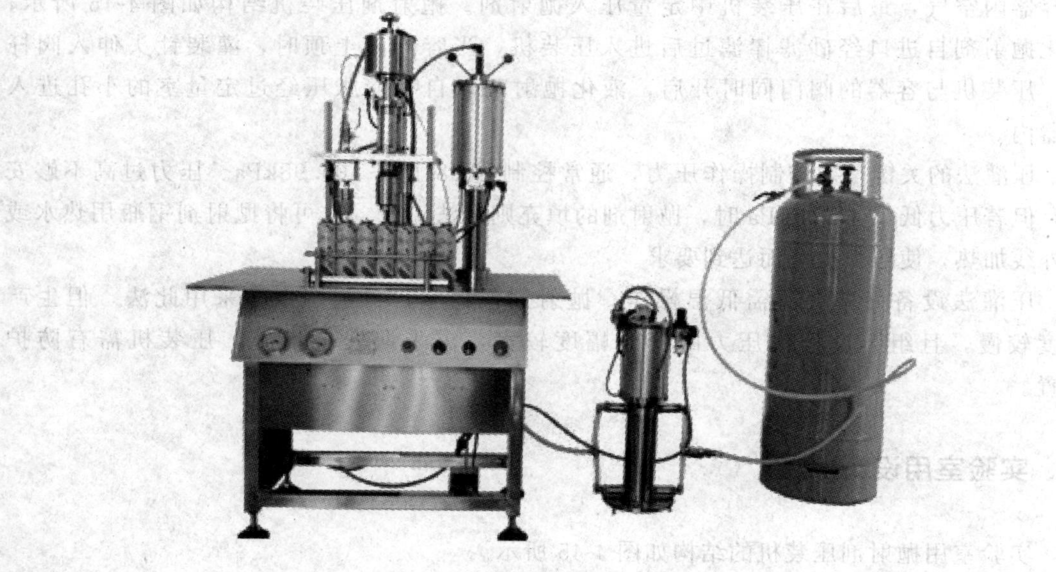

图 4-46　药厂用抛射剂压装机

第九节　包衣设备

包衣就是在药片（片芯）、微丸和颗粒等表面包上适宜的材料的衣层。包衣的目的有以下几个方面：避光、防潮，提高药物的稳定性；遮盖药物的不良气味，增加患者的顺应性；改变药物释放的位置及释药速率等；包衣后，片剂色泽均匀，光亮美观，在规定时间内不变质，其硬度、崩解度以及与生物利用度相关的溶出速率符合规定；符合卫生学检查要求。

药物制剂中的包衣技术始于20世纪50年代，包衣的核心生产设备是包衣机，它是一种对片剂、丸剂、糖果等进行有机薄膜包衣、水溶薄膜衣、缓控释性包衣的一种节能、安全、洁净的机电一体化设备。广泛适用于制药、化工、食品等行业。根据锅体材料可分为不锈钢、紫铜两种。按生产能力分为生产型和实验型两种。

一、实验室用设备

普通包衣机（图4-47）主要由包衣锅、动力系统、加热系统和排风系统组成。包衣锅通常由不锈钢或紫铜等性质稳定且导热性能优良的材料制成，其形状有莲蓬型、荸荠型和犁型等，其中以荸荠型最常见。包衣锅一般倾斜安装于转轴上，倾斜角和转速均可以调节，适宜的倾斜角（一般30°～45°）和转速可使药片能在锅内达到最大幅度的上下前后翻动。工作时，包衣锅以一定的速度旋转，药片在锅内随之翻滚，由人工间歇地向锅内泼洒包衣材料溶液。经预热的热空气连续吹入包衣锅，必要时可打开辅助加热器，以保持锅体内的温度，并提高干燥速度。当包衣达到规定的质量要求后，即可停止出料。包衣液的加入可以采用人工间歇泼洒的半手工操作，也可以喷雾方式加入，替代手工操作。喷雾方式有两种：一种是有气喷雾，这种方式使包衣液随气流一起从喷枪口喷出，适用于溶液包衣，且溶液中不含或含有极少量固态物质，这种包衣锅适合于小规模生产，其对压缩空气要求较高；另一种是无气喷雾，是利用柱塞泵使包衣液达到一定压力后再通过喷嘴小孔雾化喷出，这种包衣方式适用于黏性溶液、悬浮包衣液，适合于大规模生产，对空气要求较低。

图4-47　普通包衣机

普通包衣机是最基本、最常用的滚转式包衣设备，应用广泛。缺点是间歇操作，劳动强度大，生产周期长，且包衣厚薄不均，产品质量不稳定，各层干燥不充分时，夏季片面容易变黑，冬季容易产生裂片。普通包衣机对素片的外形有弧度和圆角两方面要求，以便包衣均匀。普通包衣机进行干燥时是将热空气吹向药片表面，被返回后由排气系统抽走，热交换仅限于表面层。此外，部分热空气可能会被排气系统直接抽走，因此，普通包衣机的热能利用率较低，干燥速度较慢，包一锅糖衣片需要约16h，药物受热影响大，同时糖衣片剂（其中主要辅料成分是国外已淘汰的滑石粉）往往可使片芯重量增大50%～80%，生产成本较高。

二、药厂生产设备

1. 高效包衣机

封闭式多功能全自动高效包衣机［图4-48（a）］是对中、西药片片芯外表进行糖衣等包衣的设备，集强电、弱电、液压、气动于一体化，是将原普通型糖衣机改造的新型设备。高效包衣机主要由主机（原糖衣机）、可控常温热风系统、自动供液供气的喷雾系统、排气装置等分组成。主电机可调速，包衣在密闭的空间内进行。它是用电气自动控制的办法将包衣辅料用溶媒进行溶解，用高雾化把溶解液喷到药片表面上，同时药片在包衣锅内做连续复杂的轨迹运动，使溶解液均匀地包在药片片芯上，锅内有可控常温热风对药片同时进行干燥，排风扇把废气、水气排出，使片芯表面快速形成坚固、细密、完整、圆滑的表面薄膜。热空气从锅的右上部通过网孔进入锅内，穿过运动状态的片芯间隙，由锅底下部的网孔穿过再经排风管排出，如图4-48（b）所示。

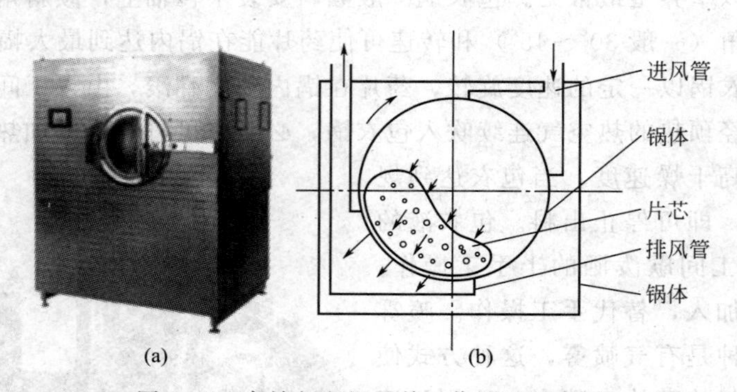

图4-48　高效包衣机及其工作原理示意图

由于整个锅体被包在一个封闭的金属外壳内，热气流不能从其他孔中排出。热空气流动的途径可以是逆向的。这样热源可得到充分的利用，片芯表面的湿分充分挥发，因而干燥效率很高。另外，现代的高效包衣锅还装置了自动清洁系统。为了便于检查和清洁，包衣机通过触摸屏来操作的软件是专门为这种机器型号而设计的，所用的剂量和速度可以自行选择。

2. 流化包衣机

流化床技术用于制药工业已有30年历史，原先用于药物粉末、颗粒的快速干燥。20世纪60年代末，喷嘴与流化床技术结合，进一步扩大了应用范围，特别在颗粒、微丸的制备与包衣工序中，成为重要的通用设备。流化包衣机（图 4-49）是利用气动雾化喷嘴将包衣液喷到药片表面，预热的洁净空气以一定的速度经气体分布器进入包衣锅，从而使药片在一定时间内保持悬浮状态，上下翻动，周围的热空气使包衣液中的溶剂挥发，并在药片表面形成一层薄膜，调节预热空气及排气的温度和湿度可对操作过程进行控制。流化包衣机具有包衣速度快、效率高、用料少（薄膜包衣材料使片重一般增加 2%～4%）、防潮能力强、对崩解影响小、不受药片形状限制等优点，自动化程度高，是一种常用的薄膜包衣设备。其缺点是包衣层太薄，且药片做悬浮运动时碰撞较强烈，外衣易碎，颜色也不佳，不及糖衣片美观。

3. **薄膜包衣机**

薄膜包衣技术是一种新型的包衣技术。随着高分子薄膜材料相继问世，薄膜包衣技术得到了迅速发展。不但彩色包衣剂的品种、数量迅速增加，质量大幅度提高，而且包衣工艺、包衣设备和衣膜的种类、形态、特征以及中药片丸剂包衣等都有很大的发展。相应地，薄膜包衣生产设备也在不断改进和完善中。

薄膜包衣机（图 4-50）主要由主机（原糖衣机）、可控常温热风系统、自动供液供气的喷雾系统等组成。主电机可变频调速，它是采用电气自动控制的办法将包衣辅料用高雾化喷枪喷到药片表面上，同时药片在包衣锅内做连续复杂的轨迹运动，使包衣液均匀地包在药片的片芯上，锅内有可控常温热风对药片同时进行干燥，使片药表面快速形成坚固、细密、完整、圆滑的表面薄膜。

图 4-49　流化包衣机

图 4-50　薄膜包衣机

近年来研制的连续运行薄膜包衣机，可以解决传统包衣设备中存在的各种问题，如装料和卸料需耗费大量的人力、物力和时间，且准确性不足，并可能影响药品质量等。连续薄膜包衣技术的主要优势在于生产效率的提高。除此以外，该设备还具有如下优势：先进的用户友好操作和过程控制；在线清洗功能；零排污量；进料速度和进气量灵活；片剂床深度可调节；精密的多叶回转泵等。

国外已有数家制药设备公司推出了连续式薄膜包衣机，它们的主要操作原理是类似的，都只适用于大规模生产的制药工业。连续式包衣机目前在国内药企中的使用并不多，其最大性能并未真正发挥出来。

4. 缓控释剂包衣机

缓控释剂包衣机区别于其他类型的包衣机，它是一种专门用于粉体物料、小颗粒物料的制粒与包衣，可满足对产品的掩味、防潮、隔热、着色、抗氧化、缓释、控释等要求的包衣机类型。

缓控释剂包衣机产品采用压底喷、多孔板流化床、可调式导向筒、气囊密封、规则流流态化气流输送以及压差变送等新技术，能有效调节包衣气流量，衣膜均匀、连续、致密，附着牢固。缓控释剂包衣机的耗材附着铺展良好，无包衣材料损失，可降低生产成本，有效避免了有机溶剂在包衣汽化时的气体外溢，清除了易燃易爆事故隐患，减少了环境污染。

5. 离心包衣造粒机

离心包衣造粒机（图 4-51）是粉状物料受转盘离心力、摩擦力和气体浮力的作用，与雾化后的黏合剂黏合聚集完成起母、造粒、颗粒放大、包衣等几种功能的机器。离心流动包衣造粒及其附属装置是新一代的先进设备，应用于粉末包衣和造粒工艺中。它不仅可应用于颗粒的制备，还可以用于制丸、薄膜、肠溶包衣、缓释颗粒和药丸的多层包衣等，因而可称为多能型制药机械。此机型于 20 世纪 80 年代中期自日本引进，其初衷是希望用此机制得中药水丸、糊丸、制大丸，经试验，要达到所需粒径，耗时太长。经仿制后，喷枪、运转机构及挡板不断改进和实践，至今，此机更多地用于制微丸（直径 0.5～1.5mm 球形或类球形丸粒）、小丸（1.5～3mm 球形或类球形丸粒）。

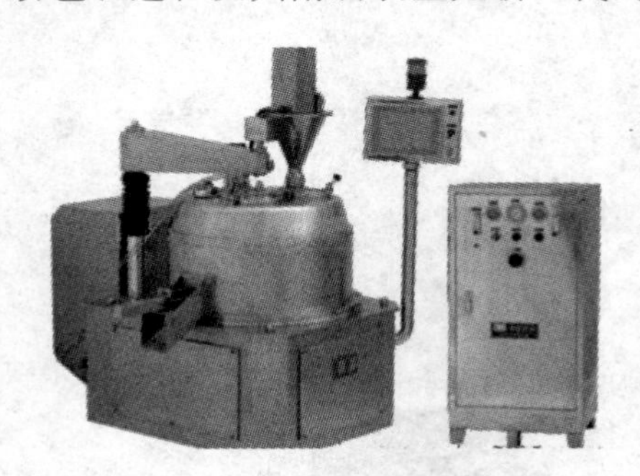

图 4-51　离心包衣造粒机

离心包衣造粒机是把一定量的成品球粒加入离心机内滚动后，喷入适量的雾化的包衣液，从而在每个颗粒表面包裹薄膜层的过程。薄膜层的厚度可在 0.05～0.1mm 之间。

本装置包括 3 大部分：①主机；②辅机，辅机包括粉末喷撒装置、黏合剂喷射装置、热风发生装置及排风捕集装置等；③控制装置，用于控制湿度、热风流量与温度、黏合剂流量、喷粉量、主机转速和产品排出。

影响造粒包衣的主要工艺参数是：转子转速，起流化作用的缝隙空气流量与温度，喷液用的压缩空气压力与流量，决定颗粒长大至成品粒度需要的粉末量。在制备缓释包衣粒子时，如果核心成分和黏结成分已能满足工艺要求，则可不必附加粉末。

本设备能进行粉末包衣、造粒、制丸等操作，集造粒、包衣、干燥于一体，工艺流程短，操作方便；操作弹性宽，放大效应小，因而尤其适用于生产量大小不等的各种场合。

第十节　搅拌设备

理论上把任何状态（固态、液态、气态和半液态）下物料均匀掺和在一起的操作称为混合，但习惯上常把固态物料之间掺和或者固态物料加湿的操作称为混合；而把固态、液态或气态物料与液态物料混合的操作称为搅拌。搅拌与混合操作是应用最广的过程单元操作之一，大量应用于化工、石化、轻工、医药、食品、采矿、造纸、农药、涂料、冶金、废水处理等行业中。

搅拌设备是制药化工反应不可或缺的重要工具。实验室一般是采用人工搅拌、机械搅拌器、磁力搅拌器，而中药厂的搅拌设备主要在配液罐等设备中使用。

一、实验室用设备

1. 人工搅拌

一般借助于玻璃棒就可以进行。

2. 机械搅拌器

机械搅拌器主要包括三部分：电动机、搅拌棒和搅拌密封装置（图 4-52）。电动机是动力部分，固定在支架上，由调速器调节其转动快慢。搅拌棒与电动机相连，当接通电源后，搅拌桨叶在动力机组的驱动下，沿固定方向旋转；在旋转过程中，驱使物料做轴向旋转和径向旋转。搅拌机内的物料，同时存在轴向运动和圆周运动，因而同时存在剪切搅拌和扩散搅拌等几种搅拌形式，从而能够有效地对物料进行分散、搅拌。

搅拌效率在很大程度上取决于搅拌棒的结构。根据反应器的大小、形状、瓶口的大小及反应条件的要求，选择较为合适的搅拌棒。

3. 磁力搅拌器

磁力搅拌器［图 4-53（a）］是利用磁场的转动来带动磁子的转动。磁子是用一层惰性材料（如聚四氟乙烯等）包裹着的一小块金属，也可以自制。自制方法：用一截 10＃铁铅丝放入细玻管或塑料管中，两端封口。磁子［图 4-53（b）］的大小大约有 10mm、20mm、30mm 长，还有更长的磁子，磁子的形状有圆柱形、椭圆形和圆形等，可以根据实验的规模来选用。由于磁力搅拌器容易安装，因此，它可以用来进行连续搅拌尤其当反应量比较少或在反应是在密闭条件下进行，磁力搅拌器的使用更为方便。但缺点是对于一些黏稠液或是有大量固体参加或生成的反应，磁力搅拌器无法顺利使用，这时就应选用机械搅拌器作为搅拌动力。

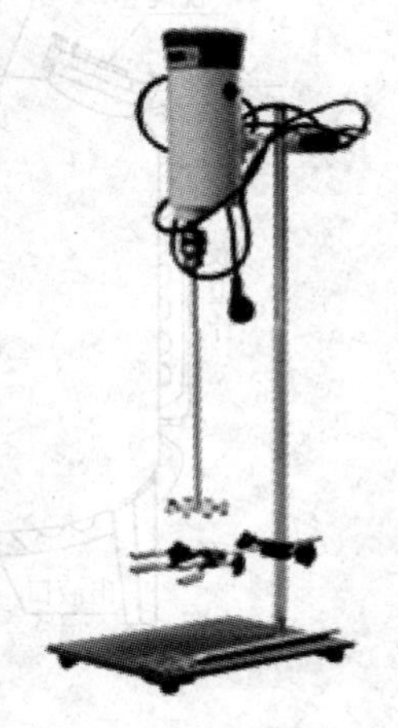

图 4-52　机械搅拌器

(a) 磁力搅拌器

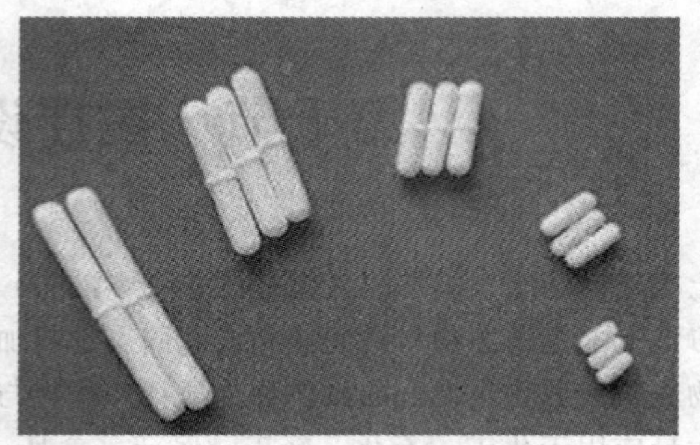
(b) 磁子

图 4-53　磁力搅拌器

二、药厂生产设备

搅拌设备在中药厂中主要是在注射剂等液体剂型生产配液罐中使用。配液罐的搅拌一般为机械搅拌与磁力搅拌两种方式。二者仅是动力传递的方式不同，其余基本相同。磁力搅拌驱动轴的扭矩是通过磁力联轴器传递到搅拌轴，而机械搅拌一般是夹壳式联轴器将电动机主轴和搅拌轴直接相连。磁力驱动搅拌器的特点是以静密封结构取代动密封，搅拌器与电极传动间采用磁力偶合器联结；不存在接触传递力矩，能彻底解决机械密封与填料密封的泄漏问题。在制药设备系统中，除非物料的特性比较特殊或者有特殊的功能要求，一般情况下尽量使用磁力搅拌，相对于机械搅拌，磁力搅拌的优点比较明显。

机械搅拌设备由搅拌容器和搅拌机两大部分组成。搅拌容器包括罐体、外夹套、内构件以及各种用途开孔接管等；搅拌机则包括搅拌器、搅拌轴、轴封、机架及传动装置等部件。

图 4-54 是典型的配液罐。

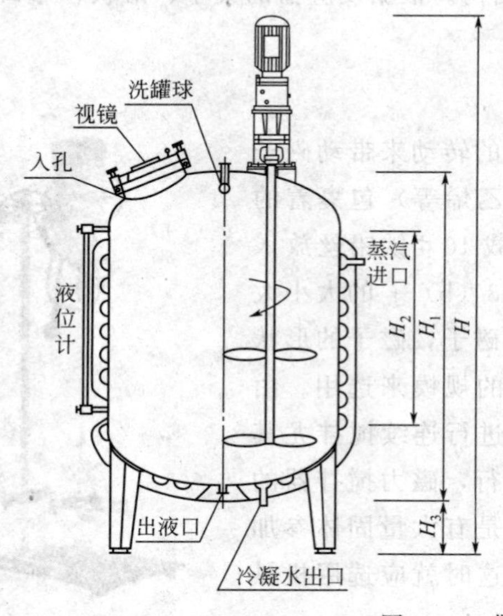

图 4-54　典型配液罐

1. **机械搅拌设备**

(1) 搅拌容器

罐体的结构型式通常为立式圆筒形，其高径比值主要依据操作时容器装液高径比以及装料系数大小而定。而容器装液高径比又视容器内物料性质、搅拌特征和搅拌器层数而异，罐底形状有平底、椭圆底、锥形底等。同时，根据工艺的传热要求，罐体外可加夹套，并通以蒸汽等载热介质。当传热面积不足时，还可在罐体内部设置盘管等。

(2) 搅拌器与搅拌轴

搅拌器又被称作叶轮或桨叶，它是搅拌设备的核心部件。根据搅拌器在搅拌釜内产生的流型，搅拌器基本上可以分为轴向流和径向流两种。例如，推进式叶轮、新型翼型叶轮等属于轴向流搅拌器，而各种直叶、弯叶涡轮叶轮则属于径向流搅拌器。搅拌轴通常自搅拌容器顶部中心垂直插入罐内，有时也采用侧面插入、底部伸入或侧面伸入方式，应依据不同的搅拌要求选择不同的安装方式。搅拌设备中电动机输出的动力是通过搅拌轴传递给搅拌器的，因此搅拌轴必须有足够的强度。同时，搅拌轴既要与搅拌器连接，又要穿过轴封装置以及轴承、联轴器等零件，所以搅拌轴还应有合理的结构、较高的加工精度和配合公差。

桨式、推进式和涡轮式搅拌器在搅拌与混合设备中应用最为广泛。

① 桨式搅拌器　桨式搅拌器（图 4-55）是搅拌器中结构最简单的一种，通常仅两个叶片，在固液体系中用于防止固体沉降，斜叶比直叶功耗少，斜叶应用较多。

桨式叶轮的桨叶直径 d 对容器的直径 D 比一般为 0.35～0.5，对于高黏度的液体为 0.65～0.9，转速一般在 20～100r/min 之间。

② 推进式搅拌器　推进式搅拌器常用于低黏流体中。标准推进式搅拌器为三瓣叶片(图 4-56)，其螺距与桨直径相等。搅拌时，流体由桨叶上方吸入，下方以圆筒状螺旋形排出，流体至容器底再沿壁面返至桨叶上方，形成轴向流动。推进式搅拌器搅拌时流体的湍流程度不高，但循环量大。容器内装挡板、搅拌轴偏心安装或搅拌器倾斜时，可防止漩涡形成。推进式搅拌器结构简单，制造方便，适用于黏度低、流量大的场合，利用较小的搅拌功率通过高速转动的桨叶能获得较好的搅拌效果。在低浓度固液体系中可防止淤泥沉降。推进式搅拌器的循环性能好，剪切作用不大，属于循环型搅拌器。

推进式搅拌器的直径较小，桨叶直径 d 对容器内直径 D 之比一般为 0.1～0.3，转速为 1～100r/min，叶端线速度为 1～5m/s 以下。

③ 涡轮式搅拌器　涡轮式搅拌器能有效地完成几乎所有的搅拌操作，并能处理黏度范围很广的流体。图 4-57 是一种典型的结构。涡轮式搅拌器可分为开式和盘式两类。开式有平直叶、斜叶、弯叶等，盘式有圆盘平直叶、圆盘斜叶、圆盘弯叶等。开式涡轮常用的叶片数有 2 叶和 4 叶，盘式涡轮以 6 叶最常见。为改善流动状况，盘式涡轮有时把叶片制成凹形和箭形，称为弧叶盘式涡轮和箭叶盘式涡轮。涡轮式搅拌器有较大的剪切力，可使流体微团分散得很细，属剪切型搅拌器。

涡轮式搅拌器的一般转速为 10～300r/min，叶端线速度为 4～10m/s。

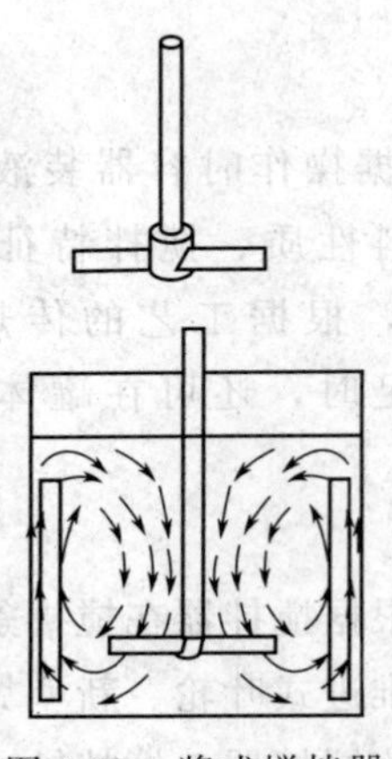
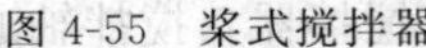

图 4-55　桨式搅拌器

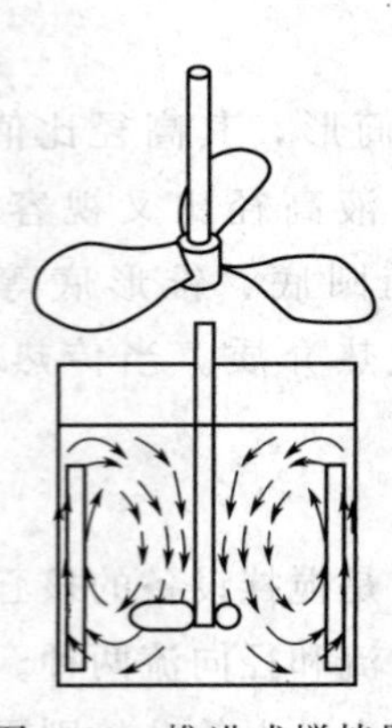

图 4-56　推进式搅拌器

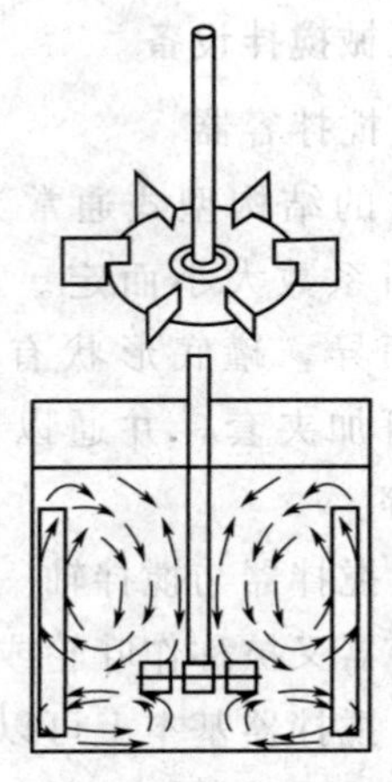

图 4-57　涡轮式搅拌器

④ 螺带式搅拌器　螺带式搅拌器（图 4-58）的叶片是用带钢卷成螺旋状焊接在轴上制成。它适用于中、高黏度的搅拌，有较好的上下循环性能。应用在高黏度流体时，由于锚式搅拌器几乎不产生上下流动，在容器中心处混合效果较差，且流体黏度越高，这种缺点越明显。螺带式搅拌器产生以上下循环流为主的流动，所以整个容器内的混合效果比较好。

螺带式搅拌器的一般转速为 0.5～50r/min，叶端线速度小于 2m/s。

（3）挡板

为了消除搅拌容器内液体的打旋现象，使被搅物料能够上下轴向流动，形成全釜的均匀混合，通常需要在搅拌容器内加入若干块挡板。挡板数一般在 2～6 块之间，视具体情况而定。加入挡板后，搅拌功耗将明显增加，且随着挡板数的增加而增加。但在满足全挡板条件后，再增加挡板数，搅拌功耗将不再增加。磁力搅拌一般不需要挡板。

（4）轴封（或磁力传动装置）

轴封是搅拌设备的一个重要组成部分。轴封属于动密封，其作用是保证搅拌设备内处于一定的正压或真空状态，防止被搅物料逸出和杂质的渗入，因而不是所有的转轴密封型式都能用于搅拌设备。在搅拌设备中，最常用的轴封有液压密封、填料密封和机械密封等。液压密封最简单，在搅拌器中用得最少。最常用的密封是填料密封、机械密封。其中机械密封成本较高，但泄漏率低；维修频度是填料密封的 1/4 到 1/2。当搅拌介质为剧毒、易燃、易爆或较为昂贵的高纯度物料，或者需要在高真空状态下操作，对密封要求很高，且填料密封和机械密封均无法满足时，可选用全封闭的磁力传动装置。

（5）传动装置

搅拌设备的传动装置（图 4-59）包括电动机、变速器、联轴器、轴承及机架等。其中搅拌驱动机构通常采用电动机与变速器的组合或选用带变频器的电动机，使搅拌器达到需要的转速。传动装置的作用是使搅拌轴以所需的转速转动，并保证搅拌轴获得所需的扭矩。在绝大多数搅拌设备中，搅拌轴只有一根，且搅拌器以恒定的速度向一个方向旋转。然而也有一些特殊的搅拌设备，为获得更佳的混合效果，可以在一个搅拌设备内使用两根搅拌轴，并让搅拌器进行复杂的运动，如复动式、往复式、行星式等。

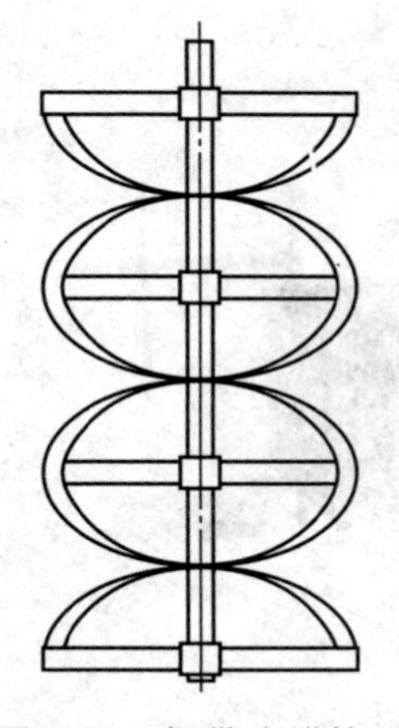

图 4-58　螺带式搅拌器

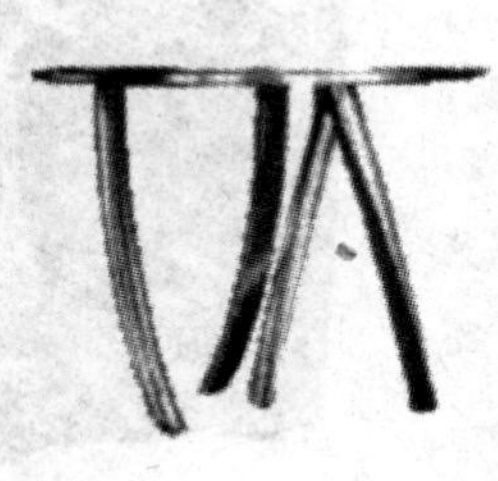

图 4-59　传动装置

第十一节　灌装设备

灌装设备主要是包装机中的一类产品，从对物料的包装角度可分为液体灌装机、膏体灌装机、粉剂灌装机、颗粒灌装机；从生产的自动化程度来讲，分为半自动灌装机和全自动灌装生产线。灌装机主要由成品水管、储水包、升降灌装阀、定位组装等组成。瓶定位后，灌装机在气缸作用下上下运动并由瓶嘴限位控制打开及关闭灌装阀。成品水经由管道、储水包到灌装阀注入瓶内，可保证灌装精度及液位可调，并保证灌装密封性。

灌装的工作原理：灌装机的计量缸分别连接灌装头，通过主油缸的往复运动，吸入定量的液体，然后注入待装的容器中。在此过程中，需要及时地在主油缸换向时，切换一个通阀，改变液体的流向。而且，在注入过程中为加快灌装速度又不致使液体溢出，当灌装到满瓶的90％时，要开启一个串接在注入通路中的节流阀，使注入的流量显著减小。然后，已装灌完毕的容器将顺序移出，新的空容器顺次移入，在此过程中，准确和及时地控制安装在容器入口和出口的阻拦板，保证每次只移入和移出容器，同时要确保不管使用哪种形状的容器，灌装头都能恰好与容器的瓶口完全吻合，否则输出报警信号，而且在故障未排除之前，不让灌装继续进行。最后，灌装头在容器到位后能准确下移使灌装头插入瓶口，灌装完毕后，灌装头应迅速上移，使容器能顺利移出。

一、实验室用设备

实验室小型灌装机（图 4-60）是采用电动、曲柄、国内最成熟的活塞式结构设计的自动定量液体分装机，适用于医院制剂室、安瓿、眼药水、各种口服液、西林瓶、农药瓶、异型瓶洗发精及各种水剂的定量灌装；同时也可用于化学分析试验中的各种液体定量连续加液；适用于食品和医药行业中实验室和小批量生产的无菌灌装，特别适用于高校实

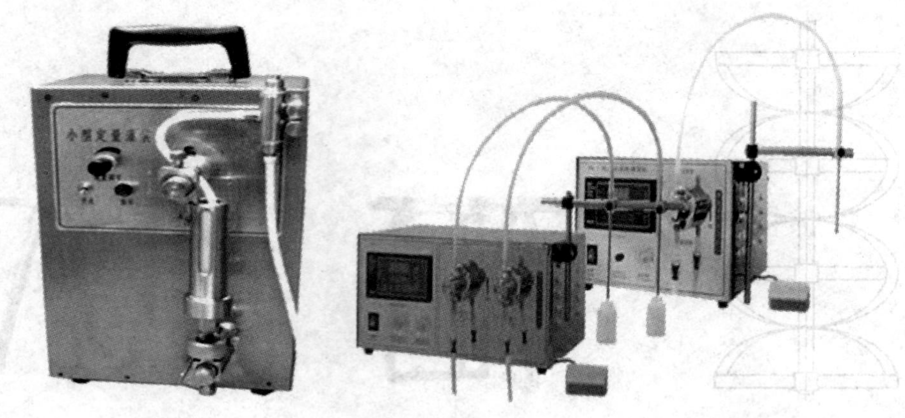

图 4-60　实验室用小型灌装机

验室使用。

机器工作前必须将地线良好接地，再根据不同分装量选择合适的标准注射器。一般分装范围为 0.2～1mL 时采用 1mL 注射器；1～5mL 时采用 5mL 注射器；5～10mL 时采用 10mL 注射器。具体操作如下：①将注射器内芯拨出，把螺套套于注射器内芯上，并用螺套将其和下底座适当紧固；②将上卡箍座套于注射器外套出水口端，两边螺母适当拧紧；③将装好的注射器内芯、外套装配成一体，至此注液系统装配完毕；④将阀门箭头朝上，箭头标记朝外，用螺母固定于固定螺钉上；⑤将装配完整的注液系统组件上、下圆孔，分别对准上、下固定杆，套于轴承上，并使其外端面和轴承面相平；⑥下端装配时，切勿使螺套和曲柄相碰，以防上曲柄旋转时发出不正常响声（正确安装时螺套与曲柄间相隔约 1mm），注液系统正确安装后，紧固上、下紧定螺钉；⑦用短胶管将注射器和阀门连接口相接；⑧进液管道接进水口，出液管道接出水口；为防止进出液管缠绕，将进出液管卡入机壳侧支耳口内；⑨用手拨动曲柄，应能自由转动，否则装配错误，应检查注液系统是否紧固于转动轴承之上；⑩机器装配无误后打开开关，机器工作时，由曲柄带动注射器上下拉动抽液，调节速度旋钮，选择合适的分装速度，开始正常工作，调节调速器旋钮，顺时针分装速度快，反之则速度慢。

二、药厂生产设备

药厂常用灌装机按灌装原理可分为常压灌装机、压力灌装机、注塞式灌装机、液体灌装机、膏体灌装机、颗粒浆状灌装机、粉剂灌装机和真空灌装机等。图 4-61 和图 4-62 分别为药厂用纯净水和酒制品灌装机。

1. 常压灌装机

常压灌装机是在大气压力下靠液体自重进行灌装。这类灌装机又分为定时灌装和定容灌装两种，只适用于灌装低黏度不含气体的液体，如牛奶、白酒、矿泉水等。

2. 压力灌装机

压力灌装机是在高于大气压力下进行灌装，也可分为两种：一种是贮液缸内的压力与

图 4-61　药厂用纯净水灌装机

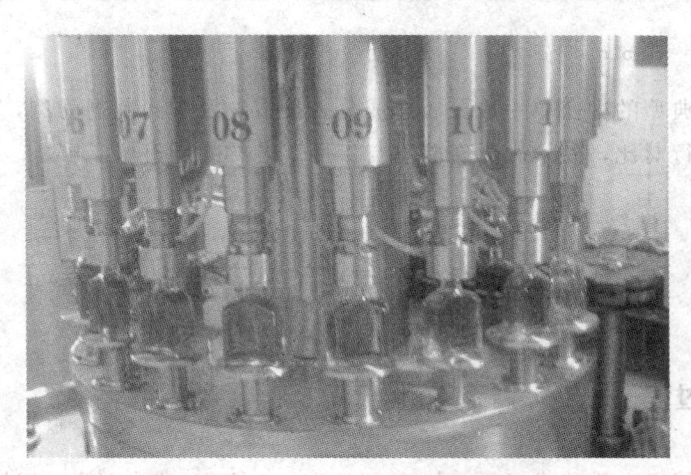

图 4-62　药厂用酒制品灌装机

瓶中的压力相等，靠液体自重流入瓶中而灌装，称为等压灌装；另一种是贮液缸内的压力高于瓶中的压力，液体靠压差流入瓶内，高速生产线多采用这种方法。压力灌装机适用于含气体的液体灌装，如啤酒、汽水、香槟酒等。

3. 注塞式灌装机

注塞式灌装机广泛适用于医药、食品、日化、油脂、农药及其他特殊行业，可灌装各种液体、膏体类产品，如消毒液、洗手液、牙膏、药膏、各种化妆品等。

第五章 实验室与药厂同品种工艺及实现过程的比对

本章分别以典型的中药单一成分、总成分、提取物及中药制剂为例，具体将实验室工艺与药厂工艺进行对比，使学生对实验室与工厂工艺的异同有所了解。

第一节　灯盏花素

一、制备工艺过程

（1）取灯盏细辛，粉碎成粗粉，加75％乙醇（6倍、4倍、4倍）加热回流提取三次，每次2h，合并提取液，过滤。

（2）滤液浓缩至无醇味，加等体积水搅匀，静置过夜，过滤。

（3）滤液通过大孔吸附树脂（聚苯乙烯型）柱，用水洗脱，收集洗脱液，浓缩，沉淀，过滤。

（4）沉淀用10％硫酸溶液调节pH至2.0～2.5，静置过夜，过滤。

（5）沉淀用乙醇洗涤，再用水洗至中性，干燥。

（6）干燥品用乙醇精制，重结晶，结晶用乙醇、丙酮洗涤，干燥，粉碎，混合，即得。

灯盏花素的提取分离精制工艺流程图如下：

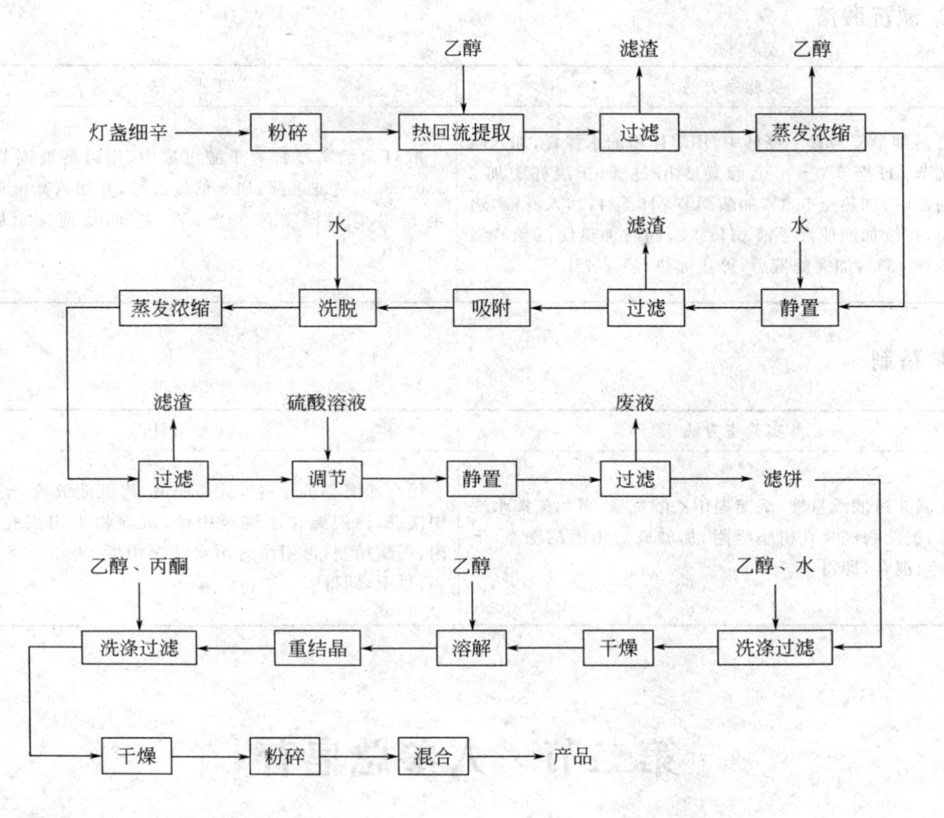

二、实验室与药厂生产工艺对比

1. 取样

实验室方法	工业方法
取灯盏细辛 200g	灯盏细辛每批提取量为 200kg

2. 提取浓缩

实验室方法	工业方法
将灯盏细辛全草粉碎成粗粉，用 75%乙醇浸泡 6h，加热回流，每次 2h，提取 3 次，分次过滤，合并提取液，将滤液置于珐琅桶或塑料桶中。将煎液适量置于旋转薄膜蒸发器中，浓缩至约 500mL(55℃)，再将浓缩液移入蒸发皿中，浓缩至适量的浸膏即可	投入提取罐中，封盖，65%～85%乙醇浸泡 2～12h，加热煮沸，自沸腾起开始记录时间，每次 1～2h，提取 3 次以上，至提取液基本无色为止，分次过滤，合并滤液，滤液置于贮液罐中。将煎煮液置于单效多能浓缩罐中进行生产操作，浓缩至相对密度为 1.05～1.25(60℃)，再将浓缩液加入到球型浓缩罐中，浓缩至适量的浸膏即可

3. 碱沉酸溶

实验室方法	工业方法
取灯盏细辛浸膏置于烧杯中，用等体积的水稀释，加入碱溶液调节 pH 至 5.0～8.0，静置 24h，过滤；于烧杯中加 2 倍量的乙醇，加热至 55℃，加酸调节 pH 至 1，加入滤液，边加边搅，持续加酸使混悬液 pH 为 2，同时加热使混悬液温度保持在 45℃，加完滤液后，停止加热，静置 12h	取灯盏细辛浸膏置于醇沉罐中，用碱溶液调节 pH 至 5.0～8.0，过滤沉淀，加 3 倍量乙醇，并加入盐酸调节 pH 至 1～3，保持温度在 35～55℃之间，反应完全后，静置 6～18h

4. 精制

实验室方法	工业方法
用大漏斗过滤混悬液，沉淀先用乙醇洗涤，再用蒸馏水洗至中性，沉淀物经大孔树脂吸附，加碱成盐用丙酮洗涤，干燥、粉碎、混合，即得	用高速离心机分离沉淀与滤液，将沉淀放置，于醇提罐中洗涤，再用纯化水洗至中性，沉淀物再用大孔树脂吸附，丙酮精制，再用注射用水洗至中性，再用 90%乙醇洗涤，烘干，即得

第二节　人参总皂苷

一、制备工艺过程

（1）取人参，切成厚片，加水煎煮二次，第一次 2h，第二次 1.5h，煎液过滤，合并滤液。

（2）通过 D101 型大孔吸附树脂柱，水洗脱至无色，再用 60%乙醇洗脱，收集 60%乙醇洗脱液，滤液浓缩至相对密度为 1.06～1.08（80℃）的清膏，干燥，粉碎，即得。

人参总皂苷的提取分离精制工艺流程图如下：

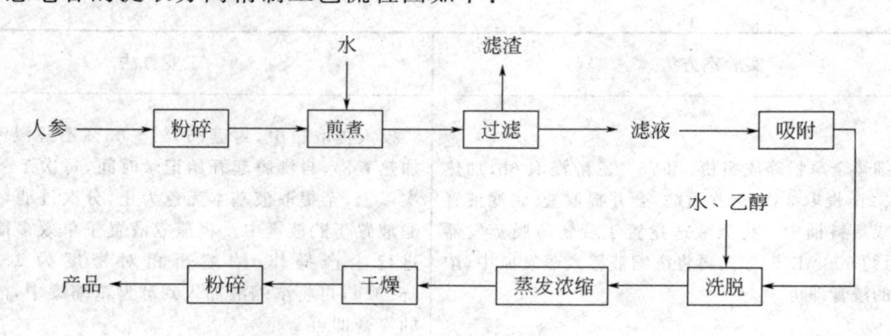

二、实验室与药厂生产工艺对比

1. 取样

实验室方法	工业方法
取人参 200g	人参每批提取量为 200kg

2. 提取、过滤

实验室方法	工业方法
人参切厚片，加水适量，浸润 30min，煎煮 2 次，每次 2h，合并滤液	将人参用切药机切制厚片，投入到煎煮罐中，加水适量闷润 1h，煎煮两次，每次 2h，合并滤液

3. 精制

实验室方法	工业方法
通过 D101 型大孔吸附树脂柱，水洗脱至无色，再用 60% 乙醇洗脱，收集 60% 乙醇洗脱液，滤液浓缩为清膏，干燥，粉碎，即得	滤液上大孔弱碱性阴离子交换柱，先用 1%～3% NaOH、1%～3%KOH 或者 1%～3%Na_2CO_3 冲洗，再用纯水冲洗，冲洗液弃去，然后用 40%～95% 乙醇洗脱，洗脱液浓缩，干燥，即得

第三节　黄芩提取物

一、制备工艺过程

（1）取黄芩饮片，加水煎煮，合并煎液，合并煎液，浓缩至适量。

（2）精制

① 用盐酸调节 pH 至 1.0～2.0，80℃保温，静置，过滤。

② 沉淀物加适量水搅拌均匀，用 40%氢氧化钠调节 pH 至 7.0，加等量乙醇，搅拌使溶解，滤过。

③ 滤液用盐酸调节 pH 至 1.0～2.0，60℃保温，静置，滤过。

④ 沉淀依次用适量水及不同浓度的乙醇洗至 pH 为 7.0。

（3）干燥：挥尽乙醇，减压干燥，即得。

黄芩提取物的提取分离精制工艺流程图如下：

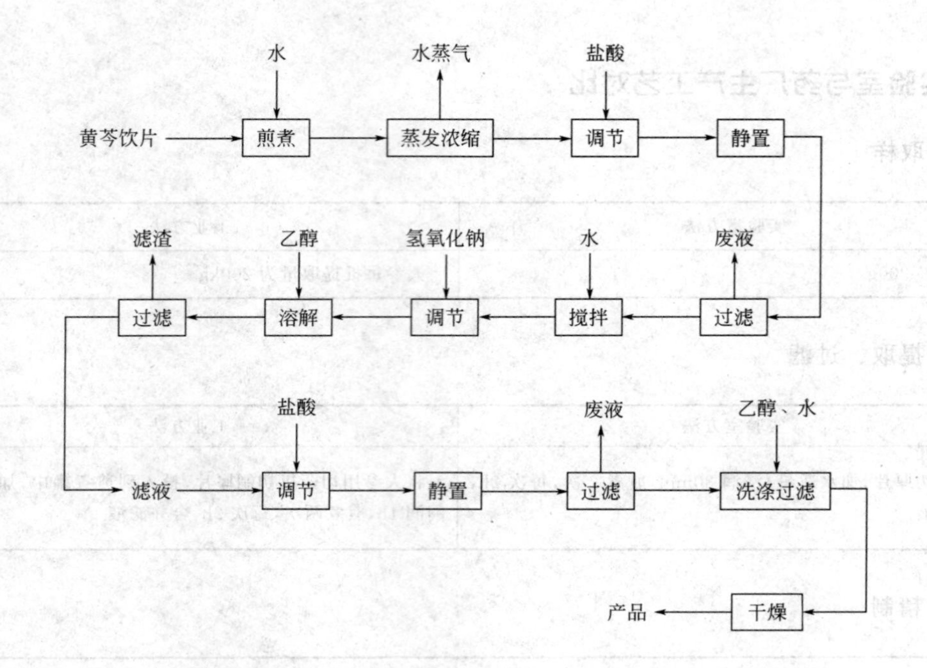

二、实验室与药厂生产工艺对比

1. 取样

实验室方法	工业方法
取黄芩饮片 200g	黄芩每批提取量为 800kg

2. 提取浓缩

实验室方法	工业方法
置于煎药锅中，加水适量，浸润 30min。加热自沸腾起开始记录时间，提取 3 次，第一次 3h，第二次 3h，第三次 2h。分次过滤，合并滤液，将滤液置于珐琅桶或塑料桶中。将煎液适量置于旋转薄膜蒸发器中，浓缩至约 200mL（80℃），再将浓缩液移入蒸发皿中，浓缩至适量的浸膏即可	投入提取罐中，封盖，加水适量，浸润 30min，加热自沸腾起开始记录时间，提取 3 次，第一次 3h，第二次 3h，第三次 2h。分次过滤，合并滤液，滤液置于贮液罐中。将煎煮液置于单效多能浓缩罐中进行生产操作，浓缩至相对密度为 1.10（80℃），再将浓缩液加入到球型浓缩罐中，浓缩至适量的浸膏即可

3. 精制

实验室方法	工业方法
（1）取黄芩浸膏置于烧杯中，用盐酸调节 pH 至 1.0～2.0，80℃保温，静置 24h，过滤； （2）沉淀物加适量水搅拌均匀，用 40％氢氧化钠调节 pH 至 7.0，加等量乙醇，搅拌使溶解，过滤； （3）滤液用盐酸调节 pH 至 1.0～2.0，60℃保温，静置，过滤；	（1）取黄芩浸膏置醇沉罐中，用盐酸调节 pH 至 1.0～2.0，80℃保温，静置，过滤； （2）沉淀物加适量水搅匀，用 40％氢氧化钠溶液调节 pH 至 7.0，加等量乙醇，搅拌使溶解，过滤； （3）滤液用盐酸调节 pH 至 1.0～2.0，60℃保温，静置，过滤；

续表

实验室方法	工业方法
(4)沉淀依次用适量水及不同浓度的乙醇洗至 pH 至 7.0; (5)取上述乙醇洗脱液,置于旋转薄膜蒸发器中,乙醇回收至约 500mL,继续浓缩至相对密度为 1.30 以上的浸膏即可	(4)沉淀依次用适量水及不同浓度的乙醇洗至 pH 至 7.0; (5)取上述乙醇洗脱液,加入到提取罐或球型浓缩罐中,进行乙醇回收生产,至醇度达到 15%时,停止回收乙醇,继续操作转浓缩阶段。浓缩至相对密度 1.30 以上的浸膏即可

4. 干燥

实验室方法	工业方法
(1)沉淀置于蒸发皿或珐琅盘中,挥尽乙醇,置于减压干燥器或真空干燥箱中进行减压干燥,至水分达到 5.0%时,得黄芩干膏; (2)将黄芩干膏粉碎机进行粉碎,得黄芩提取物	(1)将浸膏置于不锈钢盘内,放置于低温真空干燥箱中,进行干燥生产,至水分达到 5.0%时,得黄芩干膏; (2)干燥结束,将黄芩干膏装于洁净密闭的容器内。将黄芩干膏用高速万能粉碎机或粉碎机进行粉碎生产,得黄芩提取物

第四节　银杏叶提取物

一、工艺过程

(1) 取银杏叶，粉碎；用稀乙醇加热回流提取，合并提取液，回收乙醇并浓缩至适量；

(2) 精制：加在已处理好的大孔吸附树脂柱上，依次用水及不同浓度的乙醇洗脱，收集相应的洗脱液，回收乙醇；

(3) 干燥：喷雾干燥或浓缩成稠膏，真空干燥，即得。

银杏叶提取物的生产工艺流程图如下：

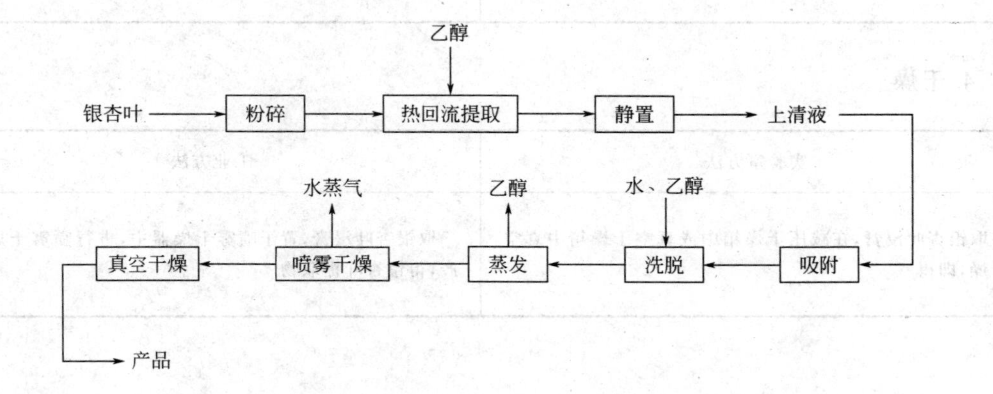

二、实验室与药厂生产工艺对比

1. 取样

实验室方法	工业方法
取银杏叶 200g，粉碎	银杏叶每批提取量为 300kg，粉碎

2. 提取浓缩

实验室方法	工业方法
(1)将银杏叶，置于圆底烧瓶中，加 50% 乙醇适量，浸润 30min 后，加热回流提取，自沸腾起开始记录时间，提取 2 次，每次 2h，分次滤过，合并提取液，将滤液置于珐琅桶或塑料桶中； (2)取滤液适量置于旋转薄膜蒸发器中，浓缩至约 500mL(55℃)，再将浓缩液移入蒸发皿中，浓缩至适量的浸膏即可	(1)取银杏叶，投入提取罐中，密封，加 50% 乙醇适量(高出药材 20cm 以上)，浸润 30min 后，自沸腾起开始记录时间，依法进行操作，回流提取 2 次，每次 2h，分次滤过，合并提取液，滤液置于贮液罐中，静置 24h； (2)取上清液取加入到提取罐或球型浓缩罐中，回收乙醇至醇度达到 15% 时，停止回收乙醇，继续操作转浓缩阶段。浓缩至相对密度为 1.20 的浸膏即可

3. 精制

实验室方法	工业方法
取上述浸膏加在已处理好的大孔吸附树脂柱上，依次用水及不同浓度的乙醇洗脱，收集相应的洗脱液，在旋转蒸发仪上浓缩至约 500mL	取上述浸膏加入已处理好的大孔吸附树脂柱上，依次用水及不同浓度的乙醇洗脱，收集相应的洗脱液，再进行乙醇回收、浓缩操作，浓缩至相对密度为 1.20 的浸膏即可

4. 干燥

实验室方法	工业方法
取银杏叶浸膏，在减压干燥箱中或真空干燥箱中真空干燥，即得	取银杏叶浸膏，置于喷雾干燥器中，进行喷雾干燥生产，得银杏叶提取物

第五节　姜流浸膏

一、制备工艺过程

（1）取干姜粉 1000g，用 90%乙醇作溶剂，浸渍 24h。

（2）以每分钟 1～3mL 的速度缓缓渗漉，收集初漉液 850mL，另器保存，继续渗漉至渗漉液接近无色、姜的香气和辣味已淡薄为止，收集续漉液，在 60℃以下浓缩至稠膏状。

（3）加入初漉液，混匀，滤过，分取 20mL，依法测定含量，余液用 90%乙醇稀释，使含量与乙醇量均符合规定，静置，待澄清，滤过，即得。

姜流浸膏的生产工艺流程图如下：

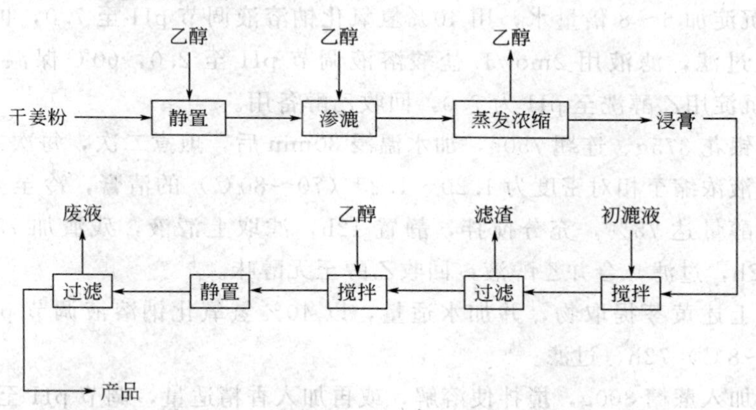

二、实验室与药厂生产工艺对比

1. 取样

实验室方法	工业方法
取干姜粉 500g	干姜粉每批提取量为 300kg

2. 提取浓缩

实验室方法	工业方法
取干姜粉于 5000mL 烧杯中，加 90%乙醇适量，浸渍 24h，渗漉。初漉液 500mL 于烧杯中保存，继续收集续漉液至无姜味，将渗漉液置于旋转薄膜蒸发器中，浓缩至 300mL	取干姜粉，投入提取罐中，密封，加 90%乙醇适量（高出药材 20cm 以上），浸渍 24h 后，投入到渗漉罐中。取上述渗漉液，加入到提取罐或球型浓缩罐中，密封，进行乙醇回收操作，浓缩成膏

3. 精制

实验室方法	工业方法
浓缩液与初漉液混合，过滤，滤液用90%乙醇稀释，待溶液澄清，滤过，即得	取干姜浸膏投入到醇提罐中，以90%乙醇稀释，沉淀完全后，滤过，即得

第六节 双黄连口服液

一、制备工艺过程

（1）取黄芩375g加水煎煮三次，第一次2h，第二、三次各1h，合并煎液，过滤，滤液浓缩并在80℃时加入2mol/L盐酸溶液，适量调节pH至1.0～2.0，保温1h，静置12h，过滤，沉淀加6～8倍量水，用40%氢氧化钠溶液调节pH至7.0，再加等量乙醇，搅拌使溶解，过滤，滤液用2mol/L盐酸溶液调节pH至2.0，60℃保温30min，静置12h，过滤，沉淀用乙醇洗至pH为7.0，回收乙醇备用。

（2）取金银花375g、连翘750g，加水温浸30min后，煎煮二次，每次1.5h，合并煎液，过滤，滤液浓缩至相对密度为1.20～1.25（70～80℃）的清膏，冷至40℃时缓缓加入乙醇，使含醇量达75%，充分搅拌，静置12h，滤取上清液，残渣加75%乙醇适量，搅匀，静置12h，过滤，合并乙醇液，回收乙醇至无醇味。

（3）加入上述黄芩提取物，并加水适量，以40%氢氧化钠溶液调节pH至7.0，搅匀，冷藏（4～8℃）72h，过滤。

（4）滤液加入蔗糖300g，搅拌使溶解，或再加入香精适量，调节pH至7.0，加水制成1000mL［规格（1）、规格（2）］或500mL［规格（3）］，搅匀静置12h，滤过，灌装，灭菌，即得。

双黄连口服液的生产工艺流程分别如下：

① 黄芩提取物制备

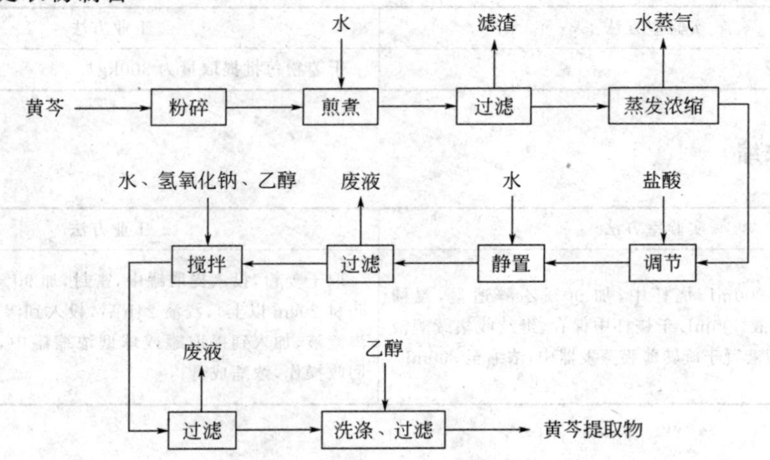

② 双黄连口服液制备

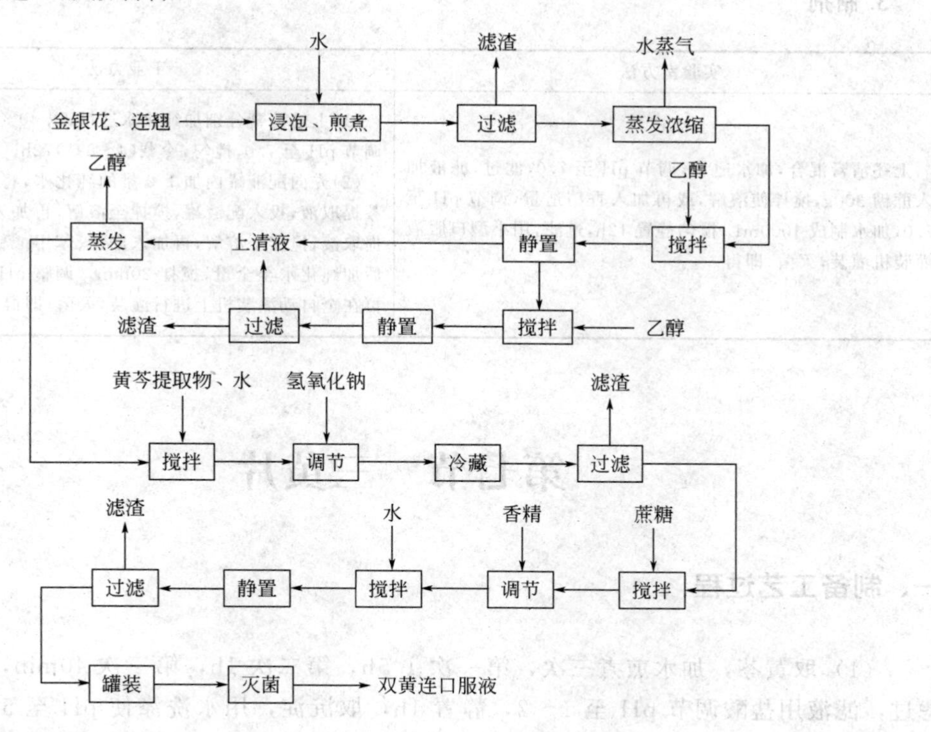

二、实验室与药厂生产工艺对比

1. 黄芩的处理

实验室方法	工业方法
取黄芩药材，加水浸润30min，煎煮3次，每次1.5h，合并煎液，过滤，滤液浓缩并在80℃时加入2mol/L盐酸溶液，适量调节pH至1.0～2.0，保温1h，静置12h，过滤，沉淀加6～8倍量水，用40%氢氧化钠溶液调节pH至7.0，再加等量乙醇，搅拌使溶解，过滤，滤液用2mol/L盐酸溶液调节pH至2.0，60℃保温30min，静置12h，过滤，沉淀用乙醇洗至pH为7.0，回收乙醇备用	取黄芩药材，加水浸润30min，投入到多功能提取罐中，煎煮三次，每次1h，合并滤液，加盐酸调节pH至1.0～2.0，静置12h，过滤，沉淀加8倍量水，用氢氧化钠溶液调节pH至7.0，再加等量乙醇，搅拌使溶解，过滤，滤液用盐酸溶液调节pH至2.0，60℃保温30min，静置12h，过滤，沉淀用乙醇洗至pH为7.0，回收乙醇备用

2. 金银花、连翘的处理

实验室方法	工业方法
将二味药加水温浸30min后，煎煮二次，每次1.5h，合并煎液，过滤，滤液在旋转蒸发仪中浓缩成清膏，冷至40℃时缓缓加入乙醇，使含醇量达75%，充分搅拌，静置12h，滤取上清液，残渣加75%乙醇适量，搅匀，静置12h，过滤，合并乙醇液，回收至无醇味	将二味药分别投入到多功能提取罐中，加水浸润30min，煮沸两次，每次2h，煎液过滤，放置到贮液罐内，合并一、二次煎液，静置2h，吸取药液进行浓缩，不断添加提取液，浓缩至相对密度1.25～1.25(70～80℃)的稠膏。冷至40℃时缓缓加入乙醇，使含醇量达75%，充分搅拌，静置12h，滤取上清液，残渣加75%乙醇适量，搅匀，静置12h，过滤，合并乙醇液，回收乙醇至无醇味

3. 制剂

实验室方法	工业方法
上述清膏混合，加水适量，调节 pH 至 7.0，滤过，滤液加入蔗糖 300g，搅拌使溶解，或再加入香精适量，调节 pH 至 7.0，加水制成 1000mL，搅匀静置 12h，过滤，用小型口服液灌装机灌装，灭菌，即得	(1)上述清膏分别加纯化水适量，以 40%氢氧化钠溶液调节 pH 至 7.0，搅匀，冷藏(4～8℃)72h。 (2)先向配液罐内加 1/2 量的纯化水，将准确称取的黄芩提取液，投入配液罐，搅拌至溶解，再加入连翘、金银花提取液，搅拌至溶解，再加入蔗糖、苯甲酸钠进行搅拌，最后加纯化水至全量，搅拌 20min。调整 pH 至 5.0～7.0，再在全自动灌装机上进行灌装，灭菌，即得

第七节　三黄片

一、制备工艺过程

（1）取黄芩，加水煎煮三次，第一次 1.5h，第二次 1h，第三次 40min，合并煎液，滤过，滤液用盐酸调节 pH 至 1～2，静置 1h，取沉淀，用水洗涤使 pH 至 5～7，烘干，粉碎成细粉。

（2）取大黄半量，粉碎成细粉，剩余大黄粉碎成粗粉，用 30%乙醇回流提取三次，过滤，合并滤液，回收乙醇并减压浓缩成稠膏。

（3）加入大黄细粉、盐酸小檗碱细粉、黄芩浸膏细粉及适量辅料，混匀，制成颗粒，干燥，压制成片，包糖衣或薄膜衣；或压制成二倍量大片，包薄膜衣，即得。

三黄片的生产工艺流程如下：

① 黄芩浸膏细粉制备

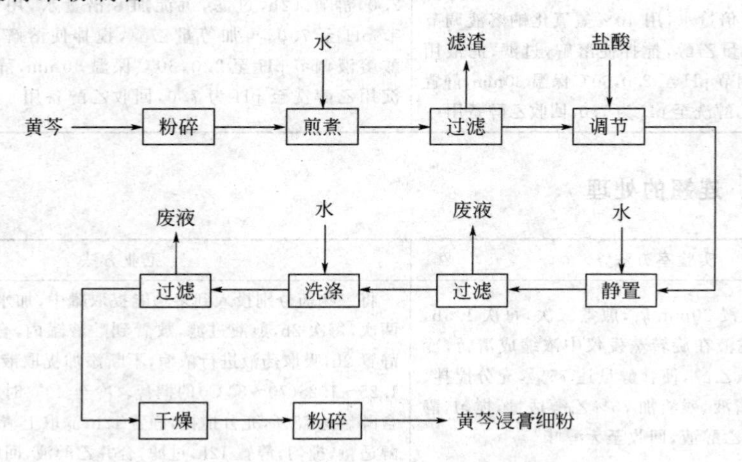

② 三黄片制备

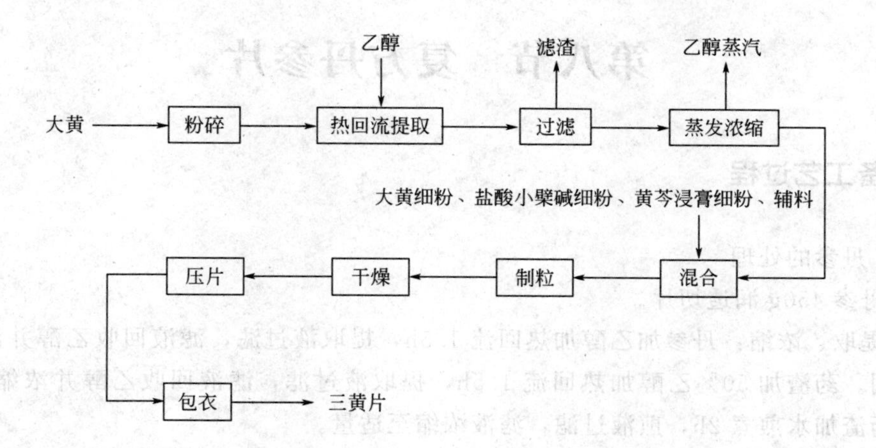

二、实验室与药厂生产工艺对比

1. 黄芩浸膏的处理

实验室方法	工业方法
取黄芩,加水浸润 30min,煎煮三次,每次 1h,合并煎液,滤过,滤液用盐酸调节 pH 至 1～2,静置 1h,取沉淀,用水洗涤使 pH 至 5～7,烘干,粉碎成细粉	取黄芩置于煎煮罐中,加适量水闷润,煎煮三次,第一次 1.5h,第二次 1h,第三次 40min,合并煎液,滤过,滤液用盐酸调节 pH 至 1～2,静置 1h,取沉淀,用水洗涤使 pH 至 5～7,烘干,粉碎成细粉

2. 大黄的处理

实验室方法	工业方法
取大黄 150g,粉碎成细粉,剩余大黄用万能粉碎机粉碎成粗粉,用 30% 乙醇回流提取三次,过滤,合并滤液,回收乙醇并减压浓缩成稠膏	取大黄,粉碎成细粉

3. 混合制片

实验室方法	工业方法
加入大黄细粉、盐酸小檗碱细粉、黄芩浸膏细粉及适量辅料,混匀,制成颗粒,干燥,压制成 1000 片,包糖衣或薄膜衣;或压制成 500 片,包薄膜衣,即得	大黄细粉与黄芩浸膏细粉合并,加入到 CO_2 超临界萃取器中,乙醇作为夹带剂,夹带剂占总萃取溶剂的体积百分比为 4%～6%,萃取压力 15～30MPa,温度 30～50℃,CO_2 流量为 1～3mL/g 生药 · min^{-1},萃取时间为 150～180min,得超临界萃取物,粉碎成细粉,添加盐酸小檗碱,制粒,压片,每片重 0.3g

第八节　复方丹参片

一、制备工艺过程

（1）丹参的处理

① 丹参 450g 润透切片。

② 提取、浓缩：丹参加乙醇加热回流 1.5h，提取液过滤，滤液回收乙醇并浓缩至适量，备用。药渣加 50%乙醇加热回流 1.5h，提取液过滤，滤液回收乙醇并浓缩至适量，备用。药渣加水煎煮 2h，煎液过滤，滤液浓缩至适量。

（2）三七的处理

取三七 141g 粉碎成细粉，与上述浓缩液和适量的辅料制成颗粒，干燥。

（3）冰片的处理

取冰片 8g，研细，与上述颗粒混匀，压制成 333 片，包薄膜衣；或压制成 1000 片，包糖衣或薄膜衣，即得。

复方丹参片的生产工艺流程图如下：

① 丹参处理

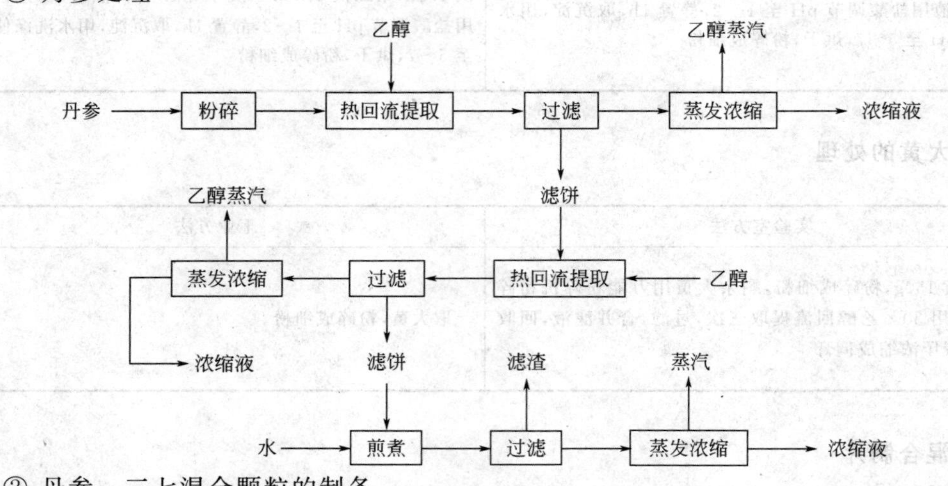

② 丹参、三七混合颗粒的制备

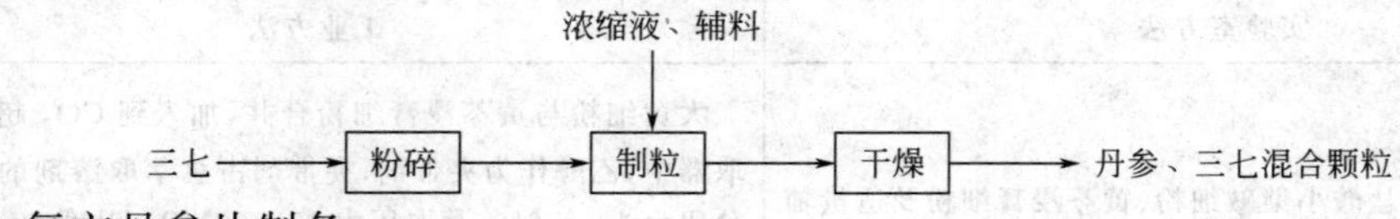

③ 复方丹参片制备

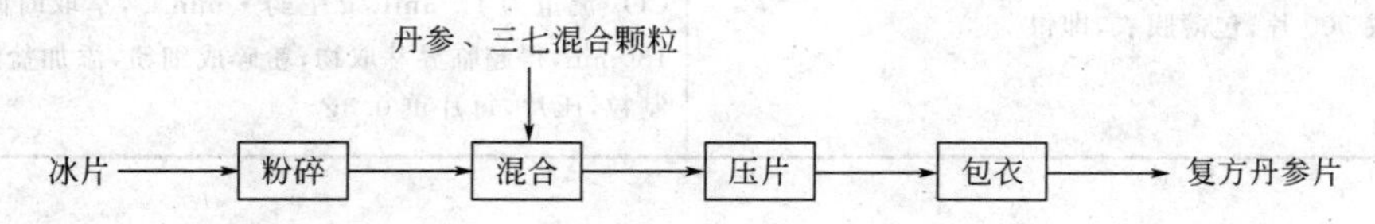

二、实验室与药厂生产工艺对比

1. 丹参的处理

实验室方法	工业方法
(1)润透切片：丹参洗净，置于珐琅盘中，加水润透，切制厚片为2～4mm； (2)提取、浓缩：将丹参饮片置于圆底烧瓶中，加热回流三次，第一次加乙醇回流1.5h，过滤，滤液回收乙醇，至无醇味，继续浓缩至稠膏状；第二次加50%乙醇回流1.5h，过滤，第三次加水煎煮2h，过滤，合并二、三次滤液，回收乙醇，至无醇味，继续浓缩至稠膏状；与第一次的浓缩液合并。将合并后的滤液，浓缩至相对密度为1.35～1.39(50℃)的清膏	(1)润透切片：将丹参药材用水淘洗干净，加适量饮用水润至药透水尽，切制厚片为2～4mm； (2)提取、浓缩：按每罐投料量投入热回流提取浓缩机组进行操作。提取三次，第一次加乙醇回流1.5h，过滤，滤液回收乙醇，浓缩至相对密度为1.30(55～60℃)；第二次加50%乙醇回流1.5h，过滤，第三次加水煎煮2h，过滤，合并二、三次滤液，回收乙醇，浓缩至相对密度为1.40(55～60℃)；与第一次的浓缩液合并。将合并后的滤液，浓缩至相对密度为1.35～1.39(50℃)的清膏

2. 三七、冰片的处理

实验室方法	工业方法
(1)三七用粉碎机粉碎成细粉 (2)冰片用乳钵研细	将三七、冰片分别投入粉碎机组，粉碎成细粉

3. 制剂成型

实验室方法	工业方法
(1)将三七细粉与上述丹参浓缩液和适量的辅料，混匀，75%乙醇，润湿，50℃干燥30min，用14目过筛制成颗粒。加入硬脂酸镁、冰片细粉，混匀，再制成颗粒，用单冲压片机压制成片，即得； (2)取胶糖浆、糖浆、有色糖浆、川蜡，将复方丹参片素片加入小型包衣机内包衣，隔离层→粉衣层→糖衣层→有色糖衣层→打光；干燥12h，晾片，即得	(1)取三七粉1份、丹参浸膏1份加入沸腾制粒机操作，混合5min，再加1份浸膏、75%乙醇，制粒，干燥温度60℃以下，水分2.0%～4.0%；用14目筛进行过筛，再与硬脂酸镁、冰片粉，加入三维混合机中混合15min，制成颗粒。用自动压片机压制成复方丹参片素片； (2)取胶糖浆、糖浆、有色糖浆、川蜡，将领取的复方丹参片素片加入高效包衣机内包衣，隔离层→粉衣层→糖衣层→有色糖衣层→打光；将包衣后的片子装入无纺布袋中，置于晾片室架上，开启除湿机干燥12h，晾片，即得

中药制药用水和纯蒸汽的制备

制药用水和纯蒸汽是中药制药生产过程的重要原料，参与整个生产工艺过程，如原料生产、分离纯化、成品制备以及容器的洗涤、清洗和消毒等。中药制药用水和纯蒸汽是中药厂公用工程的不可或缺的组成部分。

第一节　制药用水的分类

制药用水的制备、分配与自来水不同，有其特殊性。制药用水要符合 GMP 要求，在《中国药典》（2015 年版）四部中，根据使用范围的不同，把制药用水分成了饮用水、纯化水、注射用水、灭菌注射用水等几类。

1. 饮用水

作为制药用水的原水，饮用水可作为药材净制时的漂洗、制药用具的粗洗用水，除另有规定外，也可作为药材（饮片）的提取溶剂。

2. 纯化水

纯化水可用于配制普通药物制剂用的溶剂或实验用水，可作为中药注射剂、滴眼剂等灭菌制剂所用药材的提取溶剂或实验用水；口服、外用制剂配制用溶剂或稀释剂；非灭菌制剂用器具的精洗用水；也可作为非灭菌制剂所用药材的提取溶剂。

3. 注射用水

注射用水可作为配制注射剂、滴眼剂等无菌剂型的溶剂或稀释剂，以及用于容器的精洗。

4. 灭菌注射用水

灭菌注射用水主要用于注射用灭菌粉末或注射剂的稀释剂。

对于不同种类的水质要求，可参阅相关资料详细了解。制药用水已有成型的模块化设备，主要包括制备单元、储存单元、分配单元和用点管网单元，下面将分别加以介绍。

第二节　纯化水的制备

纯化水的制备工艺一般分为预处理过程和纯化过程两个步骤。

一、预处理过程

饮用水中的杂质主要包括不溶性杂质、可溶性杂质、有机物及微生物。制备纯化水的方法有离子交换树脂法和二级反渗透法（RO/RO），由于离子交换树脂的负荷限度和RO膜的精密性，所以在进行离子交换和反渗透之前必须经过预处理过程，使其主要水质达到后续处理设备的进水要求，有效减轻后续纯化系统净化负荷。预处理过程主要达到以下目的：

① 去除原水中较大的悬浮颗粒、胶体、部分微生物等，这些物质可能会堵塞离子交换树脂或附着在反渗透膜表面，导致膜表面在运行阶段出现堵塞；

② 去除原水中的钙镁离子，防止在反渗透膜的浓溶液侧出现 $CaCO_3$、$CaSO_4$、$MgCO_3$、$MgSO_4$ 等微溶或难溶盐晶，从而导致反渗透膜的污堵；

③ 除去粒度大于5μm的颗粒物，防止大颗粒对反渗透膜的机械性划伤；

④ 去除水中含有的氧化物质（如次氯酸），防止氧化物对反渗透膜的氧化性破坏。

预处理系统一般包括原水箱、多介质过滤器、活性炭过滤器、软化器。

1. 原水箱

原水箱作为预处理的第一个设备，一般设置一定体积的缓冲水罐，其体积的配置需要与系统产量相匹配，具备足够的缓冲时间并保证整个系统的稳定运行。其材质一般为316L不锈钢。图6-1是方形和圆形两种原水箱外观。

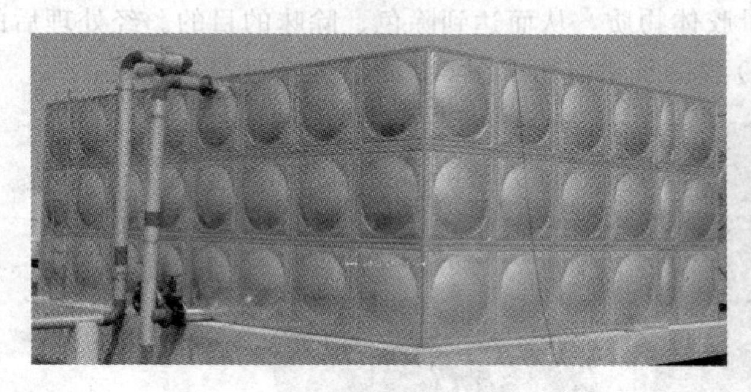

(a) 方形

(b) 圆形

图6-1　原水箱

由于原水箱的缓冲功能会造成水流的流速缓慢，存在产生微生物繁殖的风险，因此按照GMP规定，在进入缓冲罐前一般需要添加一定量的次氯酸钠溶液，浓度一般为0.3～0.5mg/L。同时，所加的次氯酸盐在进入反渗透设备之前应被去除，以免对反渗透膜造成氧化性破坏。

2. 过滤器

（1）多介质过滤器

多介质过滤器大多填充石英砂、活性炭（多为无烟煤），其作用原理是利用深层过滤和接触过滤，去除水中的大颗粒杂质、悬浮物、胶体等。多介质过滤器日常维护简单，运行成本低，此工艺在国内广泛应用。图 6-2 是一种常见多介质过滤器外观。

图 6-2　多介质过滤器

按照 GMP 要求，为了保证除杂质量，多介质过滤器要定期反洗，将截留在过滤介质中的杂质排出，即可恢复多介质过滤器的处理效果。可以通过浊度仪、进出口压差来判断反洗的时间，反洗的溶剂可以采用清洁的原水，通常以 3～10 倍设计流速冲洗 30min，反向冲洗后，再以操作流向进行短暂正向冲洗，使介质床复位即可。

（2）活性炭过滤器

活性炭过滤介质主要是颗粒活性炭，如椰壳、褐煤或无烟煤等。其作用原理是利用活性炭表面的活性基团及毛细孔的吸附能力去除水中的游离氯、微生物、有机物、部分重金属离子以及从前端泄漏过来的少量胶体物质，从而达到除色、除味的目的。经处理后的余氯量小于 0.1mg/L，以防止对 RO 膜的氧化损伤。图 6-3 是活性炭过滤器外观。

图 6-3　活性炭过滤器

按照GMP要求，当活性炭吸附趋于饱和时，需要对活性炭过滤器及时进行反冲洗。由于活性炭过滤器易吸附大量有机物质，为微生物繁殖提供了营养条件，长时间运行后会产生微生物，一旦泄漏到后续处理单元，会带来微生物污染风险。因此，活性炭过滤器要设置高温消毒系统，对其产生的微生物指标进行有效控制。巴氏消毒和蒸汽消毒方式是活性炭过滤器非常有效的消毒方式。

① 巴氏消毒　巴氏消毒的主要消毒对象是病原微生物和其他生长态菌。它将液体（通常是水）加热到一定温度并持续一段时间以杀死微生物的过程。其原理是：在一定温度范围内，温度越低，细菌繁殖越慢，温度越高，细菌繁殖越快，但温度太高细菌就会死亡。经巴氏消毒后，仍会残留部分细菌或芽孢，因此，巴氏消毒不是无菌处理过程。但在制水系统中巴氏消毒是很好的抑菌手段。

② 纯蒸汽杀毒　纯蒸汽杀毒属于热力灭菌范畴，其原理是利用高温高压蒸汽进行灭菌。蒸汽灭菌是相变给热，传热系数大、穿透力强，相变潜热达2490kJ/(kg/oc)。因此，蛋白质、原生胶质会变性凝固，酶系统会破坏，细菌自然就被消灭掉。

3. 软化器

软化器的主要功能是去除水中的钙、镁离子，以防止生成的碳酸钙和碳酸镁等难（微）溶物结晶堵塞反渗透膜。软化器由盛装树脂的容器、树脂、阀、调节器和控制系统组成。软化的原理主要是通过纳型软化树脂对水中的钙、镁离子进行离子交换从而去除。通常情况下，软化器出来水的硬度小于1.5mg/L。图6-4是软化器外观。

按照GMP要求，软化器要定期再生，以保证其离子交换能力。为了保证水系统能实现24h连续运行，通常采用双级并联软化器，它能实现一台软化器再生的时候另一台仍然可以制水，并能有效避免水中微生物快速滋生。

在软化器的离子交换过程中，Ca^{2+}、Mg^{2+}被RNa型树脂的Na^+交换出来后存留在树脂中，使离子交换树脂由RNa型变成R_2Ca或R_2Mg。其反应式为：

$$Ca^{2+}+2RNa \longequal R_2Ca+2Na^+$$

$$Mg^{2+}+2RNa = R_2Mg+2Na^+$$

树脂再生过程反应式：

$$R_2Ca+2NaCl = Ca+2RNa$$

$$R_2Mg+2NaCl = MgCl_2+2RNa$$

因为当次氯酸钠浓度不高于1mg/L时，其对树脂的氧化伤害较小。当预处理系统中次氯酸钠的浓度在0.3～0.5mg/L时，可将串联软化器放在活性炭过滤器之前，这样即可有效利用预处理系统中次氯酸的杀菌作用，又可以预防微生物在软化器中滋生。

4. 微滤器

微滤器主要是安装在反渗透膜之前，起保安过滤作用，用来除去大于5μm的颗粒，可保护反渗透膜免受伤害。图6-5是微滤器外观。

按照GMP要求，微滤器截留微生物和其他粒子，可能滋长微生物，因此，必须定期消毒。在安装和更换膜的过程中，要保证过滤器的完整性，从而保证其保安载留性能。

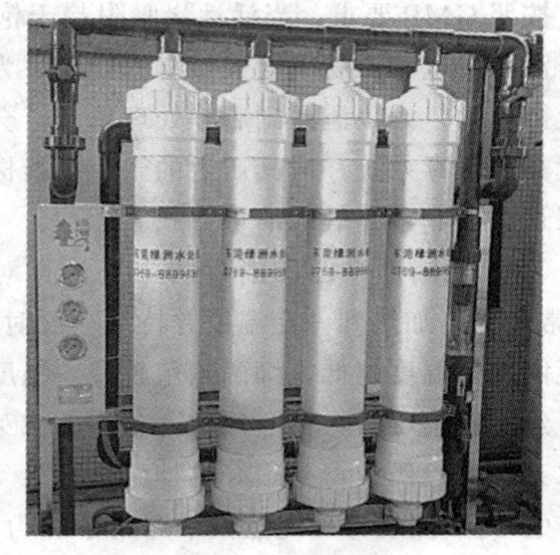

图 6-4　软化器　　　　图 6-5　微滤器

二、纯化过程

目前，中药制药行业的主流纯化方法包括两种：一种是离子交换树脂法；一种是反渗透加反渗透（RO/RO）。

1. 离子交换树脂法

离子交换树脂是一类带有功能基的网状结构的高分子化合物，它由不溶性的三维空间网状骨架、连接在骨架上的功能基团和功能基团上带有相反电荷的可交换离子三部分构成。离子交换树脂可分为阳离子交换树脂、阴离子交换树脂和两性离子交换树脂。离子交换树脂不溶于水和一般溶剂。大多数制成颗粒状，也有一些制成纤维状或粉状。树脂颗粒的尺寸一般在 0.3～1.2mm 范围内，大部分在 0.4～0.6mm 之间。它们有较高的机械强度，化学性质也很稳定，在正常情况下有较长的使用寿命。按化学活性基团，可分为阳离子树脂和阴离子树脂两大类。阳离子树脂又分为强酸性和弱酸性两类。阴离子树脂又分为强碱性和弱碱性两类。由于阳离子交换树脂（氢型）和阴离子交换树脂（氢氧根型）不稳定，一般阳离子交换树脂是以钠型保存，阴离子交换树脂是以氯型保存，使用前需要用 HCl 和 NaOH 转型。

（1）离子交换树脂的工作原理

在离子交换过程中，水中的阳离子（如 Na^+、Ca^{2+}、K^+、Mg^{2+}、Fe^{3+} 等）与阳离子交换树脂上的 H^+ 进行交换，水中阳离子被转移到树脂上，而树脂上的 H^+ 交换到水中。水中的阴离子（如 Cl^-、HCO_3^- 等）与阴离子交换树脂上的 OH^- 进行交换，水中阴离子被转移到树脂上，而树脂上的 OH^- 交换到水中。而 H^+ 与 OH^- 相结合生成水，从而达到脱盐的目的。

（2）注意事项

在使用离子交换树脂制备纯化水时，应注意：①复床中，必须先排阳离子交换树脂，后排阴离子交换树脂。因为，水中含有许多 Ca^{2+}、Mg^{2+}，易与 OH^- 结合产生沉淀，这样，不仅使 OH^- 与阴离子不能交换（生产的沉淀包在树脂外面，污染了阴离子交换树脂，从而影响交换能力），而且生产的沉淀易堵塞阳离子交换树脂孔径，而不能过滤。②当原水的碱度（即原水中所含的阴离子量）较高≥50mg/L 时，在阳床后装脱气塔（除去大量 CO_2，以减轻阴离子交换树脂的负担）。③当原水中 SO_4^{2-}、Cl^-、NO_3^- 等强酸根含量为 100mg/L 以上时，先用弱酸性阴离子交换树脂除去强酸根，然后再经强碱性阴离子交换树脂除去水中的弱酸根。这样可延长强碱性阴离子交换树脂的使用时间。图 6-6 所示为离子交换树脂纯化系统。

图 6-6　离子交换树脂纯化系统

2. 反渗透系统

反渗透装置是由一系列膜组件构成的，其主要构件是反渗透膜。因为反渗透膜是一种只允许水分子通过而不允许溶质透过的半透膜，能阻挡所有溶解性盐及分子量大于 100 的有机物。目前医药领域应用最多是卷式结构的醋酸纤维素膜，一级反渗透的脱盐率高于 99.5%。因此，反渗透系统的主要功能是除去水中的盐离子。

典型反渗透系统包括反渗透给水泵、阻垢剂加装器、还原剂加药器、5μm 过滤器、热交换器、高压泵、反渗透装置、CO_2 脱气装置或 NaOH 加药装置以及反渗透清洗装置等。图 6-7 所示为反渗透装置外观。

(1) 反渗透原理

在进水侧（浓溶液）施加操作压力以克服水的自然渗透压，当高于自然渗透压的操作压力加在浓溶液侧时，水分子自然渗透的流动方向就会逆转，浓溶液侧的水分子部分通过膜并成为稀溶液侧的净化水流出。

反渗透膜对各种离子的过滤性能可以总结为：化合价越高透过率越低，半径越小透过滤越高。水中常见离子的透过率为：$K^+ > Na^+ > Ca^{2+} > Mg^{2+} > Fe^{3+} > Al^{3+}$。由于 CO_2 气体分子的反渗透膜的透过率几乎 100%，所以一旦原水中的二氧化碳含量过高，最终反渗透水水质都不理想，为此，反渗透系统中添加 NaOH，使 CO_2 变为 HCO_3^- 离子态物质，然后通过反渗透膜对离子态物质进行有效过滤而去除。

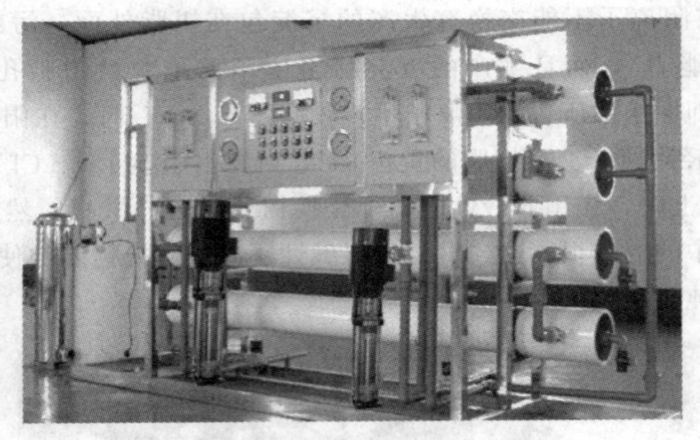

图 6-7　反渗透装置外观

（2）注意事项

制药行业推荐使用的除垢剂是六偏磷酸钠，其作用是相对增加水中结垢物质的溶解度，以防止碳酸钙、碳酸镁等物质对膜的阻碍，同时也可以防止铁离子堵塞膜。如果原水水质良好，硬度较低，就可以不加除垢剂。

反渗透膜的最佳工况温度为 25℃，在此温度下产水量最大，所以通常采用换热器对进入反渗透的水进行温度调节。换热器需要选择防止交差污染的电加热换热器。需要注意的是，反渗透不能完全除去水中的污染物，如细菌内毒素等。

第三节　注射用水的制备

由纯化水制备注射用水，关键在于除去纯化水中的热原，大部分是细菌内毒素。因此，首先要了解热原的危害和性质。

一、热原及危害

1. 热原及危害

因为注射用水主要用于生产无菌制剂，用于静脉注射。当药液中含有细菌内毒素时，将会产生热原反应。患者发生热原反应后，表现发冷、寒战、面色苍白、四肢冰冷，继之高热，严重时会伴有恶心、头痛、血压下降、昏迷休克。因此，去除纯化水中的内毒素是制备注射用水的重要指标。

2. 细菌内毒素

内毒素为革兰氏阴性细菌外壁层中特有的一种化学成分，分子量大于 10000，结构复杂，细菌死亡溶解或用人工方法破坏细菌细胞后才释放出来。

3. 细菌内毒素的性质

① 水溶性。

② 滤过性。热原很小，小至1～5nm，可通过一般过滤器和0.22μm微孔滤膜。活性炭可吸附内毒素，这是许多无菌粉针制备过程中使用活性炭的依据，当然，活性炭还有脱色作用。

③ 耐热。细菌内毒素很坚强，100℃不热解，180℃需加热3～4h，250℃需加热30～45min，650℃需加热1min才可彻底破坏。一般注射剂的灭菌条件，不能彻底破坏细菌内毒素。

④ 不挥发性。细菌内毒素本身不挥发，因此可用蒸发方式来去除热原，关键在于制备高效蒸汽的同时防止在蒸馏时细菌内毒素被蒸汽雾滴携带，因此在蒸馏水机中，增加高效的除雾沫装置很重要。

二、制备及设备

由于内毒素不挥发，因此深度除热原的最有效方法是蒸馏法。为此《中国药典》（2015版）规定“注射用水为纯化水经蒸馏所得的水”，即：纯化水是注射用水的原水。蒸馏是我国GMP认证的唯一方法。制药工业中实现纯化水的蒸馏，主要采用的设备是蒸馏水机。蒸馏水机一般由蒸馏装置、分离装置、冷凝装置组成。目前，蒸馏水机主要有塔式蒸馏水机、蒸汽压缩式蒸馏水机和多效蒸馏水机。1971年芬兰FINN AQUA公司成功研发出全球第一台多效蒸馏水机后，以其节能、高效的特性迅速确定了它在蒸馏水机中的霸主地位，制药行业的蒸馏水机基本以此为蓝本，所以，在此重点介绍多效蒸馏水机。

1. 多效蒸馏水机

多效蒸馏水机通常由两个或多个蒸发热交换器、分离装置、预热器、两个冷凝器、阀门、仪表和控制部分等组成，其原理是让经充分预热的纯化水通过多效蒸发和冷凝，排除不凝性气体，从而获得高纯度的注射用水。

在多效蒸馏水机中，第一效蒸发器是用工业蒸汽加热，纯化水经第一效蒸发器蒸发产生纯化了的蒸汽，也称二次纯蒸汽，二次纯蒸汽作为热源再加热下一效蒸发器，被冷凝成为注射用水，同时二效蒸发器产生二次纯蒸汽，以此类推，直至最后一效蒸发器产生的二次纯蒸汽被外部冷却介质冷凝为注射用水。第二效后所冷凝下来的注射用水，经电导率仪在线检测合格后，作为注射用水集中输出。利用二次蒸汽作为第二效以后蒸发器的热源，在节能方面效果非常明显。

常规蒸馏水机的效数范围是3～8，实习所见多是五效蒸馏水机，如图6-8所示。

2. 多效蒸馏水机的关键技术

（1）液体成膜技术

液体成膜技术是多效蒸馏水机的关键技术。多效蒸馏水机中列管内液体成膜的质量，对于增强换热效果、节约能耗和提高蒸汽的质量非常重要，一般采用降膜蒸发技术来提高效率。

（2）汽-液分离技术

汽-液分离技术是保证注射用水质量的关键技术。目前多效蒸馏水机主要采用重力分

图 6-8　五效蒸馏水机

离、导流板撞击式分离器，螺旋与丝网除沫器组合实现汽-液分离。目前，世界最先进的蒸馏水机主要是通过降膜闪蒸分离、180°折返重力分离和外螺旋分离技术组合的方式制备注射用水，有效保证了注射用水细菌内毒素含量小于 0.01EU/mL。

按照 GMP 要求，为防止系统交叉污染，多效蒸馏水机的第一效蒸发器、全部的预热器和冷凝器均需采用双管板式设计，内管板和外管板均采用胀接的方式连接。双胀接法通过胀管器将列管与管板进行物理连接固定，能很好杜绝换热器焊接所带来的化学腐蚀和红锈问题。

第四节　用水储存与分配

储存与分配系统的正确设计对制药用水系统运行成功与否至关重要。储存与分配系统的设计原则为：高温储存，连续湍流循环，卫生型连接，机械抛光管道，定期消毒或杀菌，使用隔膜阀。一般纯化水罐体水温维持在 18～20℃，注射用水水温维持在 70～80℃下循环。

一般来说，15～30℃是常温系统，微生物繁殖较慢，属中度微生物污染风险。温度高于 65℃时，大多数病原菌就停止生长，属于低微生物污染风险。而在 30～60℃时微生物生长最快，属于高微生物污染风险。下面分别介绍制药用水的储存和分配系统的常用设备。

一、储罐及其用途

储罐有立式和卧式两种。通常情况下立式储罐可优先考虑，因为立式罐体具有一个最底排放点，很容易将全系统的水排尽，以符合 GMP 要求。而卧式储罐在残液排放上不如立式储罐好。图 6-9 是卧式和立式水储罐外观。

(a) 立式

(b) 卧式

图 6-9　水储罐

图 6-10　喷淋球

但如果有下列情况，还是应该考虑使用卧式储罐：①储罐体积过大进，如超过10000L。②制水间对罐体高度有限制时。③蒸馏水机出水口需要高于罐体入水口时。

储罐水流较慢，容易滋生细菌，因此，保证储罐的腾空次数很重要，一般为1～5次/h。除此之外，下列设计也可以更好保证水质。

（1）喷淋球

喷淋球用于保证罐体始终处于自清洗和全润湿状态，并保证巴氏消毒状态下全系统温度均匀。图6-10是一种喷淋球的外观。

（2）罐体呼吸器

罐体呼吸器主要用于有效阻断外界颗粒物和微生物对罐体水质的影响，呼吸器之滤材孔径为0.2μm，材质为聚四氟乙烯。图6-11是罐体呼吸器外观。

图 6-11　罐体呼吸器

二、水分配系统

水分配系统是整个制药用水储存与分配系统的核心，水分配系统没有纯化功能，其主要功能是将符合药典要求的水输送到工艺用水点，并保证其压力和流量，采用70～80℃保温循环。水分配系统主要由带变频控制的输送泵、热交换器及加热或冷却调节装置、取样阀、隔膜阀、管道管件、温度传感器、压力传感器、电导率传感器、变送器、TOC在线监测仪以及其配套的集成配套系统（含控制柜、I/O 模块、触摸屏、有纸记录仪等）。水分配系统如图 6-12 所示。

图 6-12　水分配系统

对于水分配系统，按照 GMP 相关规定有如下一些要求：

① 中国 GMP 与欧盟 GMP 均建议“注射用水可采用 70℃以上保温循环”。

② 整个分配系统的总供和总回管处需安装取样阀进行水质取样分析。

③ 卫生型输送泵多采用流量或压力变频驱动，以保证系统始终处于湍流正压状态，从而防止生物膜形成、减少粒子产生。卫生型离心泵出口处不安装止回阀，以保证系统可排尽残液。离心泵出口采用隔膜压力表，泵出口处有手动隔膜阀，之所以用隔膜仪表和阀门，是为了保证卫生需求，此处有别于一般化工管路系统。

④ 防汽蚀发生，有别于自来水输送的是制药用水系统需在 70～80℃保温循环，在有些用水点温度会更高，如过热水消毒，因此易发生汽蚀现象。

⑤ 为防换热器的交叉污染，需连续监测两侧压差，并保证洁净端压力始终高于非洁净端。

在水分配系统中，需要注意以下一些设备。

（1）卫生型离心泵

卫生型离心泵的材质为 316L 不锈钢，润湿不锈钢表面抛光至 Ra＜0.5μm，注射用水系统的离心泵建议采用电解抛光处理。叶轮采用开放式叶轮，以保证全系统排尽并实现在线清洗，而化工上常采用蔽式叶轮，以提高泵的效率。卫生型离心泵如图 6-13 所示。

（2）隔膜阀

隔膜阀（图 6-14）是一种特殊形式的截止阀。它的启闭件是一块用软质材料制成的隔膜，把阀体内腔、阀盖内腔及驱动部件隔开，其特点是隔膜把下部阀体内腔与上部阀盖内腔隔开，使位于隔膜上方的阀杆、阀瓣等零件不受介质腐蚀，且不产生外漏。由于隔膜是隔膜阀中唯一与水接触的部件，因此制药用水系统中使用隔膜阀片材质需要符合 GMP 要求，其可选材质为聚四氟乙烯和三元乙丙橡胶。另外，普通球阀不可用在纯化水、注射用水和纯蒸汽系统中，因为球阀关闭时，阀芯会积水，从而滋长微生物。

图 6-13　卫生型离心泵　　　　图 6-14　隔膜阀

（3）卫生型换热器

制药用水系统中的换热器主要是为了维持系统水温，需周期性进行系统消毒或杀菌，一般置于分配系统末端的回水管网上。目前制药用水中可采用的换热器形式为双板管式换热器、双板板式换热器和套管式换热器，如图 6-15 所示。需要说明的是，双板板式换热器虽然投资少，方便拆卸且易于增加换热面积，常使用在最终纯化之前的处理阶段，但其可排放性不如双管板式换热器，存在较大的微生物滋生风险，故不用于无自净能力的储存与分配系统中。套管式换热器虽然面积有限，但其投资少，安装方便，主要用于注射用水冷用点降温处。双板管式换热器用于维持整个制水系统的温度，其特点是：内管板与外管板均采用胀接方式，属于物理加工方法，其加工精度高，可避免腐蚀。

(a) 双板管式换热器

(b) 双板板式换热器

(c) 套管式换热器

图 6-15　卫生型换热器

三、用点管网单元

用点管网单元是指从制水间分配单元出发，经过所有工艺用水点后回到制水间的循环管网系统，其主要功能是将制药用水输送到使用点。用水管网系统主要由以下元器件组成：取样阀、隔膜阀、管道管件。

按照 GMP 要求，所有材料应能够抵挡温度、压力和化学腐蚀，通常选用 316L 不锈钢。因此适合巴氏消毒、纯蒸汽消毒、过热水消毒、臭氧消毒、紫外消毒。但 316 不锈钢不能和氯离子接触，因为氯离子可对奥氏体不锈钢的钝化膜形成点腐蚀。

制药用水使用点分 2 类：①开放使用点，如脱衣洗手用的水池；②直接对接的硬连接用点，如配料罐的补水阀、洗瓶机的补水阀等。

第五节　蒸汽制备与分配

制药企业的蒸汽依据用途可分两类：工业蒸汽和纯蒸汽，其中纯蒸汽也称为洁净蒸汽。工业蒸汽是由锅炉制备的蒸汽，在制药用水中主要用作储存与分配系统巴氏消毒或过热水杀菌的热源，也作为蒸馏水机和纯蒸汽发生器的热源。

纯蒸汽通常以纯化水为原料，是通过蒸汽发生器或多效蒸馏水机的第一效蒸发器产生的蒸汽，纯蒸汽冷凝液要满足注射用水要求。在制药行业中，纯蒸汽主要用于湿热灭菌和其他工艺，如设备和管道的清毒、洁净厂房的空气加湿。

一、纯蒸汽发生器

纯蒸汽发生器主要有沸腾蒸发式纯蒸汽发生器和降膜蒸发式纯蒸汽发生器。下面主要介绍降膜式纯蒸汽发生器，以便对多效蒸馏水机的蒸发原理做深入理解。

降膜式蒸发器的原理是：原料水（纯化水）在预热器被工业蒸汽加热后，进入缓冲储罐和过热水循环泵，通过循环泵进入蒸发器顶部，经分配盘装置均匀分配进入列管内并形成薄膜状水流，通过工业蒸汽进行热交换，使列管中的液膜很快被蒸发成蒸汽，蒸汽继续在蒸发器中盘旋上升，经过汽-水分离装置，作为纯蒸汽从蒸汽出口输出，夹带热原的残液则在柱底部连续排除。未被蒸发的原料水，进入过热水循环罐，进行循环蒸发。图 6-16 所示为常见的纯蒸汽发生器。

图 6-16　纯蒸汽发生器

为了更好去除热原，FINN AQUA 品牌纯蒸汽发生器是将原料水经 3 次分离作用转化为纯蒸汽：第一次是原料水经分配盘进入蒸发器后，沿列管向下流动并被工业蒸汽进行降膜蒸发；第二次是被蒸发的二次蒸汽在蒸发器下端 180℃折回，将热原等杂质在重力作用下分离到下部浓水中进行排放；第三次是二次蒸汽继续在蒸发器中盘旋上升到中上部的螺旋分离装置，通过高速离心作用进一步除去热原杂质。

二、蒸汽分配系统

纯蒸汽主要由纯蒸汽发生器制备，制备合格的纯蒸汽将通过蒸汽分配管道送到工艺用点。所制备的纯蒸汽主要用于灭菌柜、配料罐等设备的在线消毒。因此，纯蒸汽所有系统中部件应能及时进行自行排水。由于纯蒸汽系统的自我消毒功能，其微生物污染风险较小。蒸汽分配系统如图 6-17 所示。

图 6-17　蒸汽分配系统

对蒸汽分配系统，GMP 有如下要求。

① 输送系统中冷凝水聚积是纯蒸汽系统发生污染的潜在风险之一，因此在设计中，应该注意解决纯蒸汽输送管道系统中冷凝水的积聚问题，降低系统细菌内毒素污染的风险。

② 为防止冷凝水聚积，蒸汽管网安装要有坡度，一般为 1/250（即铅垂高度与水平长度之比）。在纯蒸汽输送管网每隔 30～50m 处，需在垂直上升管的底部安装一个热静力疏水装置，全系统的其他任何最低点处均需安装一个热静力疏水阀。

蒸汽分配系统中需要用到热静力疏水阀。波纹管式疏水阀（图 6-18）是目前制药广泛采用的静力疏水器，为保证纯蒸汽系统的安全，该疏水器为 316L 材质设计，卫生卡箍连接。波纹管式疏水阀的阀芯不锈钢波纹管内充一种汽化温度低于水饱和温度的液体。依据蒸汽温度变化来控制阀门开关，该阀设有调整螺栓，可根据需要调节使用温度，当装置启动时，管道出现冷却凝结水，波纹管内液体处于冷凝状态，阀芯在弹簧的弹力下，处于开启位置。当冷凝水温度渐渐升高，波纹管内充液开始蒸发膨胀，内压增高，变形伸长，带动阀芯向关闭方向移动，在冷凝水达到饱和温度之前，疏水阀开始关闭，依据蒸汽温度变化来控制阀门开关，阻汽排水。波纹管式疏水阀如图 6-18 所示。

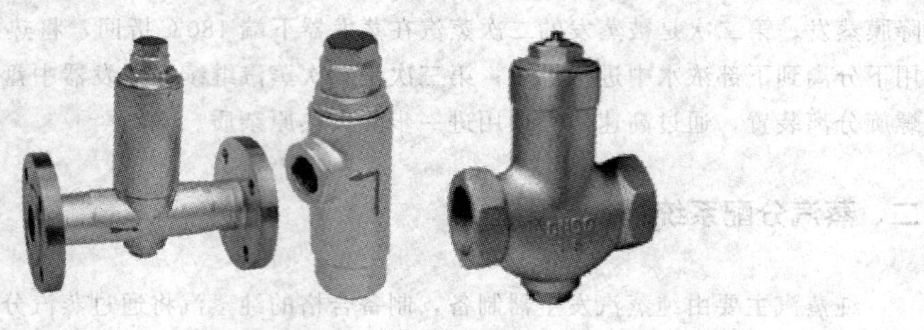

图 6-18　波纹管式疏水阀

第七章 废水、废渣、废气处理设备

第一节 废水处理设备

药厂工业废水主要包括抗生素生产废水、中成药生产废水以及各类制剂生产过程中的洗涤水和冲洗废水三大类。其废水特点是成分复杂、有机物含量高、毒性大、色度深，同时污水还呈现明显的酸碱性，部分污水含有过高盐分，且间歇性排放，所以，生化性差，这些特点使制药污水处理成为水处理行业中较为难处理的一种污水。

药厂工业污水处理成套设备处理方法可归纳为以下几种：物理处理法、化学处理、物理化学处理法、生物处理法以及组合工艺处理法等。各种处理方法的具体应用有以下一些方式。

① 物理处理法：过滤、离心、沉淀分离、上浮分离、其他。

② 化学处理法：化学混凝法、化学混凝沉淀法、化学混凝气浮法、中和法、化学沉淀法、氧化还原法、其他。

③ 物理化学处理法：吸附、离子交换、电渗析、反渗透、超滤、其他。

④ 生物处理法：好氧生物处理、活性污泥法、普通活性污泥法、高浓度活性污泥法、接触稳定法、氧化沟、SBR、生物膜法、普通生物滤池、生物转盘、生物接触氧化法、厌氧生物处理法、厌氧滤器工艺、上流式厌氧污泥床工艺、厌氧折流板反应器工艺、厌氧/好氧生物组合工艺、两段好氧生物处理工艺、A/O 工艺、A2/O 工艺、A/O2 工艺。

⑤ 组合工艺处理法：物理＋化学处理、物理＋生物处理、物理＋好氧生物处理、物理＋厌氧生物处理、物理＋组合生物处理、化学＋物化处理、化学＋生物处理、化学＋好氧生物处理、化学＋厌氧生物处理、化学＋组合生物处理、物化＋生物处理、物化＋好氧生物处理、物化＋厌氧生物处理、物化＋组合生物处理。

图 7-1 给出了一些实际应用的污水处理设备。

(a) 沉降池

(b) 异味处理设备

(c) 有机废水处理设备

(d) 格栅除污机

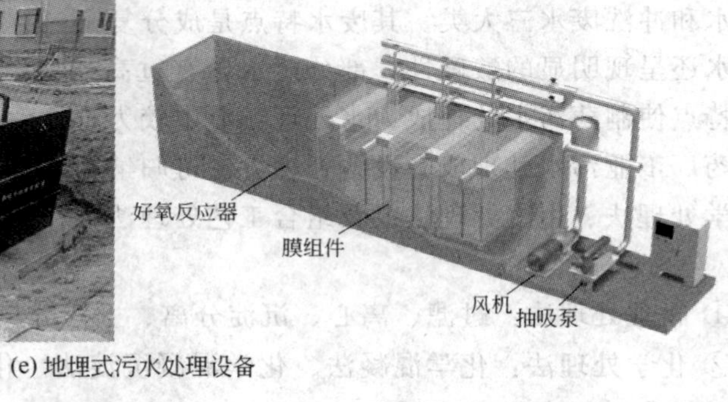

(e) 地埋式污水处理设备

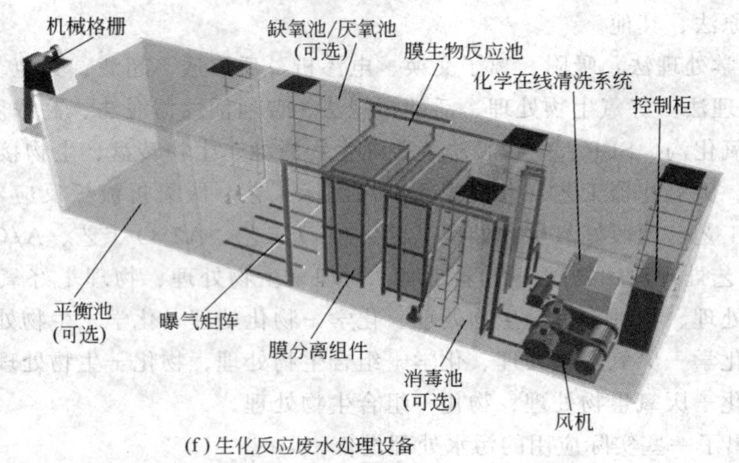

(f) 生化反应废水处理设备

图 7-1　污水处理设备举例

第二节 废渣处理设备

在中药材加工、炮制、制剂生产过程中会残存大量药渣，如不能及时处理会造成资源的浪费和环境的污染。目前中药药渣处理方式仍然以堆放、焚烧、填埋为主，也可以通过重新压榨药渣的方式将药渣中残留的药液提炼出来，或者将药渣进行发酵，从堆肥育苗、栽培食用菌、做动物饲料、生产沼气等几个方面进行综合利用[2]。

一、处理过程概述

中药材经过预处理、提取后残留的大量药渣，可以先将其堆放于生产车间外，堆放达到一定量后，通过传输带传输至药渣处理车间，进行集中处理。

二、药渣处理设备

1. 药渣压榨器

中药煎煮、提取后剩余的药渣中还残留不少药液，尤其是某些质量较轻、质地疏松、吸水性强的中药材，如菊花、芦根、鱼腥草等。将上一工艺残留的中药渣由入料口加入药渣压榨器中，药渣将被预压辊压入到大筛辊中进行脱水，在对辊的挤压下，药渣中的剩余药液成分会被重新提取出来。重新得到的药液进入储药槽中，而剩余的干扁药渣在出料口处被刮料板刮出，形成药渣和药液的二次分离，达到药渣二次利用的目的。

2. 焚烧炉

目前工业生产中产生的药渣多以焚化炉焚化的形式进行处理。进入焚烧炉处理前，需要对药渣进行干燥，一般干燥至含水量30%～40%，可以利用传送带将干燥好的药渣直接输送至焚烧炉，焚烧炉达到预设温度后进行焚化。图7-2所示为焚化燃烧装置。

图7-2 焚化燃烧装置

3. 卧式发酵机

卧式发酵机能够对残留药渣进行发酵处理，最终得到有机农肥或者动物饲料，属于药渣综合利用设备。卧式发酵机使用前需要将药渣干燥至含水量50%～60%，选择加入适宜的酵母菌，进入一级发酵仓，设置相关发酵参数，调整发酵状态，选择适宜的发酵周期，经过一级发酵仓发酵后，药渣进入二级发酵仓，在二级发酵仓内与空气充分接触，在适宜的生化条件下，药渣会进一步发生熟化，经过第二发酵周期后即可以得到目标绿色农肥成品或者蛋白素质饲料。

第三节　废气处理设备

废气处理指的是针对工业场所、工厂车间产生的废气在对外排放前进行预处理，以达到国家废气对外排放标准的工作。一般废气处理包括有机废气处理、粉尘废气处理、酸碱废气处理、异味废气处理和空气杀菌消毒净化等方面。常见的废气处理方式有活性炭吸附法、高温催化燃烧法、酸碱中和法、等离子法、冷凝法、湿式回收法、生物法等，既可直接去除其中的有害气体，也可对其中有利用价值的气体进行回收。废气处理设备可有效去除工厂车间产生的废气，如苯、甲苯、二甲苯、醋酸乙酯、丙酮、丁酮、乙醇、丙烯酸、甲醛等有机废气，及硫化氢、二氧化硫、氨气等恶臭气体。

一、掩蔽法

掩蔽法采用更强烈的芳香气味与臭气掺和，以掩蔽臭气，使之能被人接收。该法适用于需立即地、暂时地消除低浓度恶臭气体影响的场合，恶臭强度 2.5 左右，无组织排放源。优点：可尽快消除恶臭影响，灵活性大，费用低。缺点：恶臭成分并没有被去除。

二、扩散法

扩散法是将有臭味的气体通过烟囱排至大气，或用无臭空气稀释，降低恶臭物质浓度以减少臭味。适用于处理中、低浓度的有组织排放的恶臭气体。优点：费用低、设备简单。缺点：易受气象条件限制，恶臭物质依然存在。

三、燃烧法

燃烧法分热力燃烧法与催化燃烧法。在高温下，将恶臭物质与燃料气充分混合，可实现完全燃烧。适用于处理高浓度、小气量的可燃性气体。优点：净化效率高，恶臭物质被彻底氧化分解。缺点：设备易腐蚀，消耗燃料，处理成本高，易形成二次污染。图 7-3 所示是催化燃烧装置。

催化燃烧的工艺过程：启动风机、开启相应阀门和远红外电加热元件，对催化燃烧床内部的催化剂层进行循环预热，有效降低预热能耗，预热时间大约 1h。待床层温度达到设定值，打开进气阀门，关闭相应阀门，在风机牵引下，有机废气在滤尘阻火器的作用下去除废气中可能含有易凝结的微粒物质及少量粉尘、水雾进入催化燃烧床，在催化剂的作

图 7-3　催化燃烧装置

用下，以一个较低温度进行无焰催化燃烧，将有机成分转化为无毒、无害的 CO_2 和 H_2O，同时释放出大量的热量，可维持催化燃烧所需的起燃温度，使废气燃烧过程基本不需要外加能耗，从而大大降低能耗，净化后的气体经过烟囱排放。

四、吸收法

1. 水吸收法

水吸收法利用臭气中某些物质易溶于水的特性，使臭气成分直接与水接触，从而溶解于水达到脱臭目的。该法适用于水溶性、有组织排放源的恶臭气体。优点：工艺简单，管理方便，设备运转费用低；若产生二次污染，需对洗涤液进行处理。缺点：净化效率低，应与其他技术联合使用，对硫醇、脂肪酸等处理效果差。

2. 溶剂吸收法

溶剂吸收法利用臭气中某些物质和溶剂产生化学反应的特性，去除某些臭气成分。适用于处理大气量、高中浓度的臭气。优点：能够有针对性处理某些臭气成分，工艺较成熟。缺点：净化效率不高，消耗吸收剂，易形成二次污染。

如图 7-4 所示为酸碱废气处理喷淋塔，其主要的运作方式是：酸雾废气由风管不断引入净化塔，经过填料层，废气与氢氧化钠吸收液进行气液两相充分接触吸收中和反应，酸雾废气经过净化后，再经除雾板脱水除雾后由风机排入大气。吸收液在塔底经水泵增压后在塔顶喷淋而下，最后回流至塔底循环使用。

五、吸附法

吸附法是利用吸附剂的吸附功能使恶臭物质由气相转移至固相。适用于处理低浓度、高净化要求的恶臭气体。优点：净化效率很高，可以处理多组分恶臭气体。缺点：吸附剂费用昂贵，再生较困难，要求待处理的恶臭气体有较低的温度和含尘量。图 7-5 所示是一种高浓度有机废气过滤吸附原理和设备。

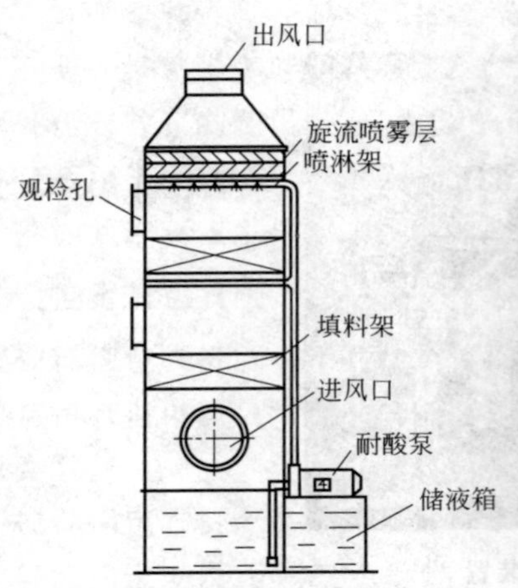

图 7-4　酸碱废气处理喷淋塔

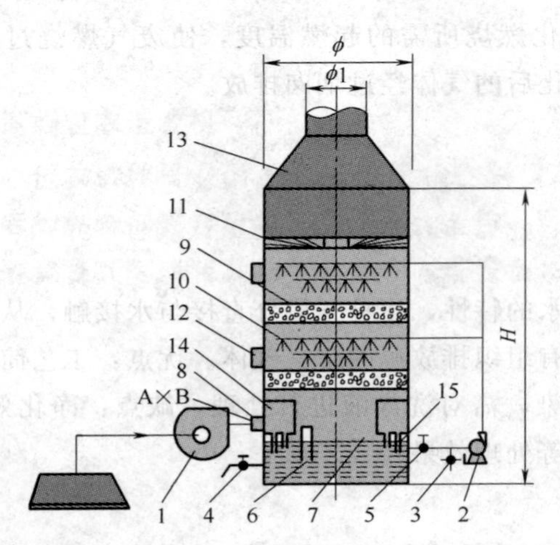

图 7-5　高浓度有机废气过滤吸附原理和设备

1—离心通风机；2—离心水泵；3—加液管；4—放液管；5—阀门；6—液面指示计；7—贮液罐；8—进风管；9—填料层；10—喷嘴；11—旋流板；12—检视孔；13—出风帽盖；14—压力室；15—鼓泡管

图 7-6 是其他形式的两种吸附法有机废气回收设备。

图 7-6　吸附法有机废气回收设备

六、脱臭法

1. 生物滤池式脱臭法

生物滤池式脱臭法的原理是：使恶臭气体经过去尘增湿或降温等预处理工艺后，从滤床底部由下向上穿过由滤料组成的滤床，恶臭气体由气相转移至水-微生物混合相，通过固着于滤料上的微生物代谢作用而被分解掉。该方法是目前研究最多、工艺最成熟、在实际中也最常用的生物脱臭方法。它又可细分为土壤脱臭法、堆肥脱臭法、泥炭脱臭法等。优点：处理费用低。缺点：占地面积大，填料需定期更换，脱臭过程不易控制，运行一段时间后容易出现问题，对疏水性和难生物降解物质的处理还存在较大难度。图 7-7 是生物滤池除臭设备的原理和设备实物。

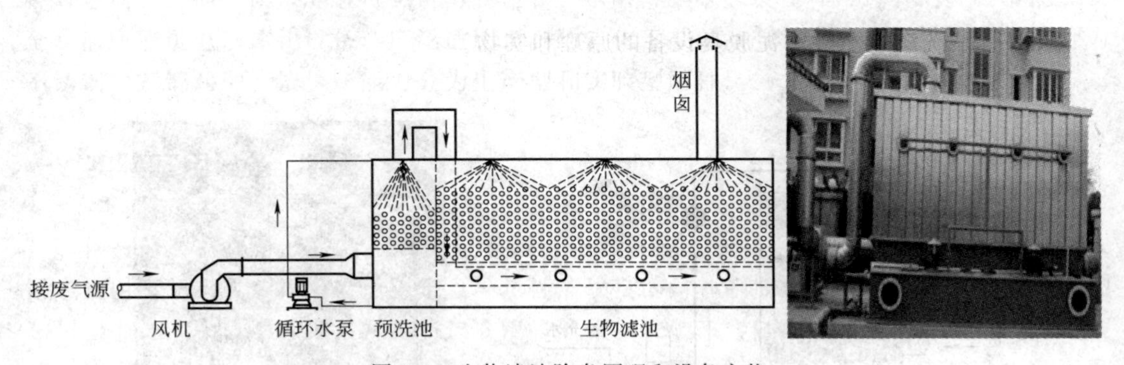

图 7-7　生物滤池除臭原理和设备实物

2. 生物滴滤池式脱臭法

生物滴滤池式脱臭法的原理同生物滤池式类似，不过使用的滤料是诸如聚丙烯小球、陶瓷、木炭、塑料等不能提供营养物的惰性材料。工业上使用生物滤池来净化污染气体，如利用生物滤池处理硫化氢、甲苯和一般挥发性有机污染物。优点：生物滴滤池在实用性和单一性上同样具有一定的优势，如构建和运行成本低、污泥产量较低、结构简单和运行稳定，还可以承受高负荷和高毒性。缺点：池内微生物数量大，能承受比生物滤池大的污染负荷，惰性滤料可以不用更换，造成压力损失小，而且操作条件极易控制；需不断投加营养物质，而且操作复杂，使得其应用受到限制。图 7-8 所示是生物滴滤池的原理和设备实物。

3. 洗涤式活性污泥脱臭法

洗涤式活性污泥脱臭法的原理：将恶臭物质和含悬浮物泥浆的混合液充分接触，使之在吸收器中将臭气去除掉，洗涤液再送到反应器中，通过悬浮生长的微生物代谢活动降解溶解的恶臭物质。该法有较大的适用范围，可以处理大气量的臭气，操作条件易于控制，占地面积小。缺点：设备费用大，操作复杂而且需要投加营养物质。

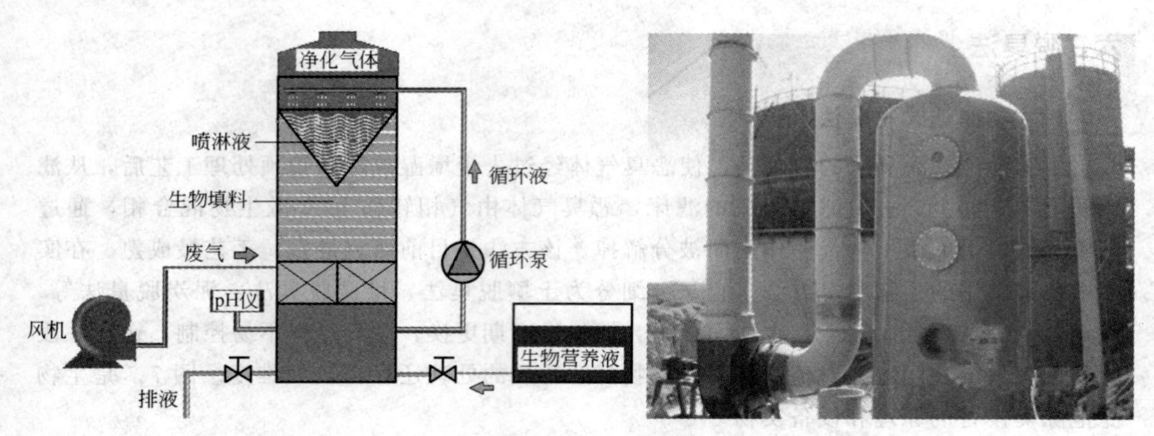

图 7-8　生物滴滤池的原理和设备实物

图 7-9 是洗涤式活性污泥脱臭设备的原理和实物。

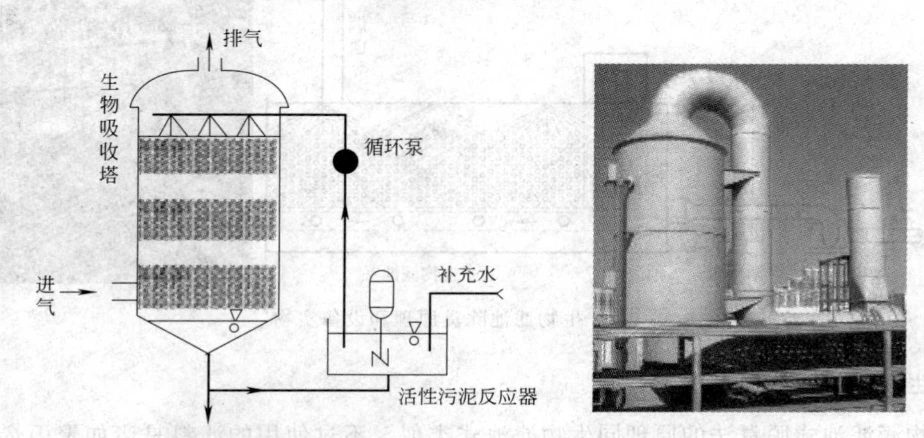

图 7-9　洗涤式活性污泥脱臭设备的原理和实物

4. 曝气式活性污泥脱臭法

曝气式活性污泥脱臭法的原理：将恶臭物质以曝气形式分散到含活性污泥的混合液中，通过悬浮生长的微生物降解恶臭物质，适用范围广。目前日本已用于粪便处理场、污水处理厂的臭气处理。优点：活性污泥经过驯化后，对不超过其极限负荷量的恶臭成分，去除率可达 99.5%以上。缺点：受到曝气强度的限制，该法的应用还有一定局限。

七、其他法

1. 三相多介质催化氧化工艺

三相多介质催化氧化工艺的原理：向反应塔内装填特制的固态复合填料，填料内部复配多介质催化剂。当恶臭气体在引风机的作用下穿过填料层，与通过特制喷嘴呈发散雾状喷出的液相复配氧化剂在固相填料表面充分接触，并在多介质催化剂的催化作用下，恶臭气体中的污染因子被充分分解。该工艺适用范围广，尤其适用于处理大气量、中高浓度的废气，对疏水性污染物质有很好的去除率。优点：占地小，投资低，运行成本低；管理方便，即开即用。缺点：耐冲击负荷，不易污染物浓度及温度变化影响，需消耗一定量的药剂。

图 7-10 是三相多介质催化氧化工艺流程图及设备实物。通过特制的喷嘴，将吸收氧化液（以水为主，配有氧化液）呈发散雾状喷入催化填料床，在填料床上液体、气体、固体三相充分接触，并通过液体吸收和催化氧化作用将气体中的异味物质转化为无害物质，吸收氧化液由循环泵抽送至液体吸收氧化塔循环使用，净化后的气体经烟囱排放。

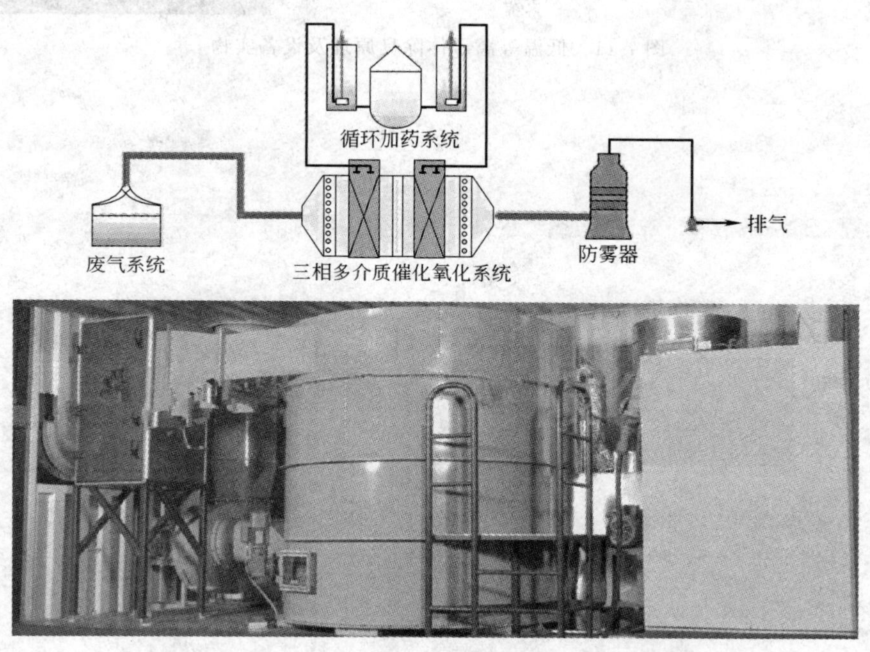

图 7-10　三相多介质催化氧化工艺及设备实物

2. **低温等离子体技术**

低温等离子体技术的原理：在介质阻挡放电过程中，等离子体内部会产生富含极高化学活性的粒子，如电子、离子、自由基和激发态分子等。废气中的污染物质如与这些具有较高能量的活性基团发生反应，可转化为 CO_2 和 H_2O 等物质，从而达到净化废气的目的。该技术适用范围广，净化效率高，尤其适用于其他方法难以处理的多组分恶臭气体，如化工、医药等行业。优点：电子能量高，几乎可以和所有的恶臭气体分气箱、脉冲布袋除尘器等相媲美。缺点：无论哪一种等离子都是以高压放电为主，可能会产生放电打火，所以不建议在医药化工行业运用。

图 7-11 是低温等离子体除臭原理示意图及设备实物。当外加电压达到气体的放电电压时，气体被击穿，产生包括电子、各种离子、原子和自由基在内的混合体。放电过程中

虽然电子温度很高，但重粒子温度很低，整个体系呈现低温状态，所以称为低温等离子体。利用这些高能电子、自由基等活性粒子和废气中的污染物作用，使污染物分子在极短的时间内发生分解，并发生后续的各种反应以达到降解污染物的目的。

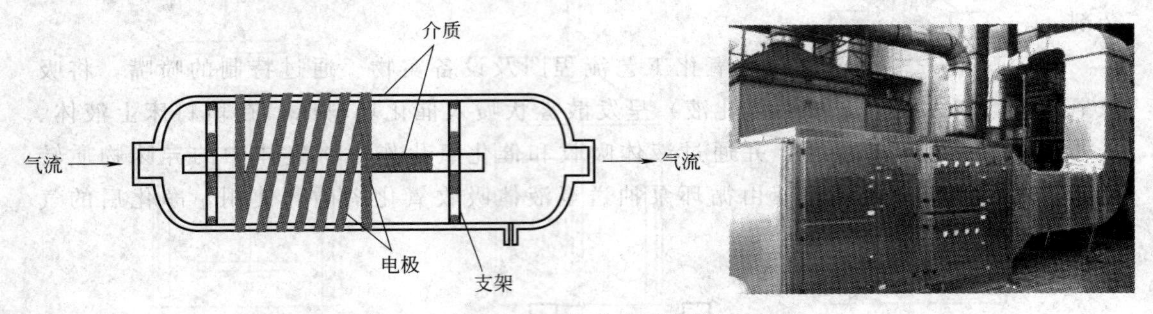

图 7-11　低温等离子体除臭原理及设备实物

参考文献

[1] 杨明.中药制药工艺技术图表解.北京：人民卫生出版社，2010.

[2] 周丽莉.制药设备与车间设计.北京：中国医药科技出版社，2011.

[3] 丁安伟.中药炮制学.北京：高等教育出版社，2007.

[4] GB7213—2003 工业管道的基本识别色、识别符号和安全标识.

[5] 何志成.制药生产实习指导：化学制药.北京：化学工业出版社，2018.

[6] 王沛.中药制药工程原理与设备.第4版.北京：中国中医药出版社，2016年.

[7] 徐莲英，侯世祥.中药制药工艺技术解析.北京：人民卫生出版社，2003.

[8] 杨明.中药药剂学.北京：中国中医药出版社，2016.

[9] 范碧亭.中药药剂学.上海：上海科学技术出版社，1997.

[10] 王学成，伍振峰，王雅琪，等.中药丸剂干燥工艺、装备应用现状及问题分析.中草药，2016，47 (13)：2365～2372.

[11] 周敬，臧锋磊.滴丸剂制备及设备改进研究.科技与创新，2018，11：127～128.

[12] 薛迎迎，魏增余，陈春.湿法制粒设备结构、原理及其在中药颗粒剂生产中的应用.机电信息，2017，8：25～30.

[13] 陈爱华，王森，刘红宁，等.传统黑膏药发展近况探讨.中成药，2014，36 (2)：379～382.

[14] 韩丹，李龙，程云山，徐峰.现代搅拌技术的研究进展.OOD&MACHEINEY，2004，20 (4A)：31～34.